ALTRÖMISCHE

HEIZUNGEN

VON

OTTO KRELL SEN.

INGENIEUR.

MIT 39 TEXTFIGUREN UND 1 TABELLE.

MÜNCHEN UND BERLIN.

DRUCK UND VERLAG VON R. OLDENBOURG.

1901.

VORWORT.

Die nachfolgenden Untersuchungen über altrömische Heizungen führten zu Ansichten, welche von den augenblicklich allgemein hierüber geltenden erheblich abweichen. Das eingehendere Studium der uns erhaltenen römischen Baureste, besonders in Pompeji, brachte mich mit zwingender Notwendigkeit dahin die bisherigen Auffassungen aufzugeben.

Für mich als Heizingenieur konnte in erster Linie nur das in den alten Bauten noch erhaltene Material als Grundlage meiner Beurteilung gelten: die auf diesem Wege erlangte abweichende Ansicht scheint indessen nicht in unlösbarem Widerspruch mit den geschriebenen Überlieferungen zu stehen, indessen überlasse ich das Urteil hierüber der zuständigen Stelle.

Ich bin der Meinung, daſs die Erkenntnis technischer Vorrichtungen der Alten, welche auf der Untersuchung des heute noch Vorhandenen gewonnen ist, ungleich fester fundamentiert erscheint, als eine, auf gelegentlichen Aussprüchen eines alten Autors aufgebaute Vorstellung.

In jedem Falle ist die Frage der Beheizung von ganz besonderer Bedeutung für die richtige Erkenntnis des römischen Altertums, da sehr oft einzig auf Grundlage der vermeintlich vorhandenen Heizanlagen die Zweckbestimmung der Räume vorgenommen worden ist.

Die Erklärung dafür, daſs der wirkliche Zweck der vermeintlichen Hypokausten so lange und so allgemein verkannt worden
ist, finde ich darin, daſs, obgleich das mehr als drei Jahrhunderte
lang als beweiskräftiges Dokument angesehene, vermeintlich in den
Bädern des Titus aufgefundene Bild (Fig. 1) einer Badeanlage, zwar
jetzt als unecht erkannt worden ist; dennoch die auf Grundlage
dieses falschen Dokumentes erfolgten Auslegungen gewiſser Stellen
römischer Schriftsteller und Deutungen gewisser römischer Baureste einer gründlichen Revision bisher nicht unterzogen worden sind.

So wage ich es denn, mit meiner abweichenden Auffassung
hervorzutreten in der Erwartung, daſs dieselbe von kompetenter
Seite einer eingehenden Prüfung wert befunden werde.

Nürnberg, Februar 1901.

                                              Der Verfasser.

INHALT.

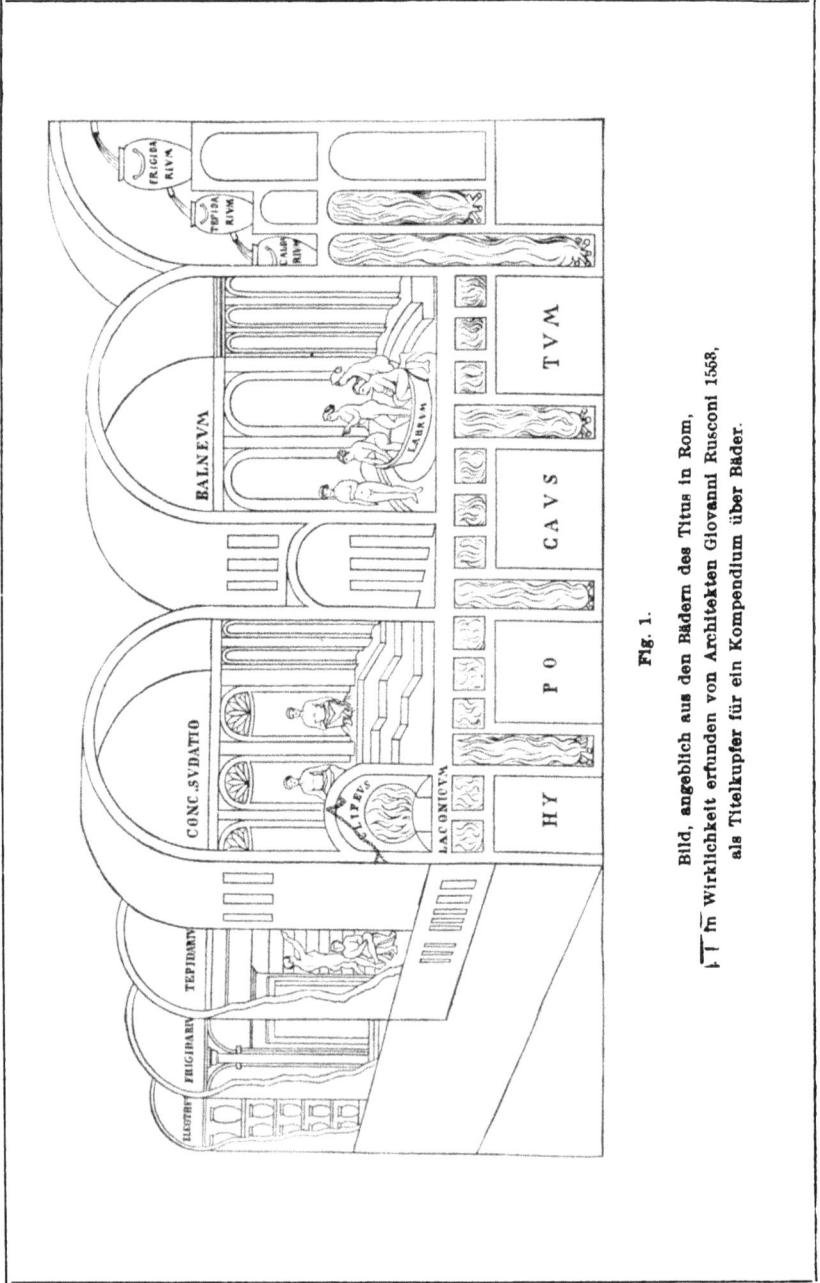

Fig. 1.

Bild, angeblich aus den Bädern des Titus in Rom,
in Wirklichkeit erfunden von Architekten Giovanni Rusconi 1558,
als Titelkupfer für ein Kompendium über Bäder.

Kapitel 1.

Brennmaterial.

Das einzige Brennmaterial, welches die Natur den Alten zur Verfügung gestellt hat, war Holz — Steinkohle und Torf waren unbekannt. Italien war zur Zeit des Kaisers Augustus noch mit prächtigen Wäldern bedeckt, so daſs an starkem Bauholz, besonders aber an Brennholz, kein Mangel war.[1]) Die Wälder bestanden aus Erlen, Buchen und Nadelhölzern, der Ölbaum, ebenso wie Cypresse und Citrone waren damals in Italien unbekannt. Die jetzige Entblöſsung von Wald ist in den klassischen Ländern erst später langsam im Laufe der Zeit eingetreten. Auch in den Provinzen des römischen Reiches im Norden waren überall zur Zeit der Römerherrschaft ausgedehnte Wälder vorhanden[2]), so daſs auch da ein Mangel an Feuerungsmaterial nicht bestand.

Die ursprünglichste und jedenfalls auf dem Lande und bei den ärmeren Bewohnern am weitesten verbreitete Methode der Erwärmung von Wohnräumen bestand in einem Holzfeuer, welches in der Mitte des Raumes auf einem durch Randsteine umgrenzten Feuerherd angemacht wurde. Der hierbei selbst bei Verwendung künstlich getrockneten Holzes immer noch unvermeidliche Rauch entwich durch Öffnungen in der Decke oder durch Löcher in den Seitenwänden. Noch heute ist diese äuſserst primitive Heizmethode nicht nur bei den Nomaden Asiens, sondern auch zuweilen in Süditalien und Sicilien im Gebrauch, ja selbst in Südtirol gibt es Gebirgs-

---

[1]) **Nissen**, Pomp. Studien, S. 28.
[2]) **Jacobi**, D. Römerkastell d. Saalburg, S. 248.

dörfer, in welchen der Rauch der mit Holz gefeuerten Herde nur durch Löcher über der Thüre oder durch ein Fenster des Hauses entweichen kann.

Eine solche Heizmethode war für die mit kostbaren Wandmalereien geschmückten und mit Kunstgegenständen angefüllten Gemächer eines reichen Römers nicht verwendbar. Die Römer verstanden es aber schon sehr frühe, Meilerkohle herzustellen, und nur mit Hilfe von Holzkohle war es möglich, ein rauch- und rußloses Feuer zu erzielen, wie es auch Plinius und Horaz[1]) bezeugen.

In Italien wurde schon frühzeitig Holzkohle im grofsen produziert[2]) und war Holzkohle in Herculanum und Pompeji ein gebräuchlicher Handelsartikel. — Im Taunus mit seinen holzreichen Beständen mag es ähnlich gewesen sein und mag daselbst ein reger Handel mit Holzkohlen nach den Flufsgebieten hin betrieben worden sein, wenigstens lassen sich nur so die vielen Reste römischer Kohlenmeiler im Hochtaunus und dem Pfahlgraben entlang erklären.[2]) Solche Meilerkohle, welche durch ihre eigentümlichen muscheligen Bruchflächen von Kohle, welche als Rest verbrannter Holzbauten nachgeblieben ist, leicht unterschieden werden kann, wurde von Jacobi auf der Saalburg und von mir in Eining gefunden. Die Kohlen der Saalburg rührten von Laubholz her, die in Eining gefundenen von Nadelholz.[3])

Die Holzkohle wurde nicht nur zu Heizzwecken, sondern auch zur Erzeugung hoher Hitzgrade in der Metallbearbeitung[4]) und wahrscheinlich auch in den Backöfen verwendet.

Die Herstellung der Holzkohle geschah allem Anschein nach in derselben Weise wie die Holzkohlen heute noch bei uns in Meilern bereitet werden.[5]) Man schlichtete aus geraden und glatten Hölzern einen grofsen Meiler (calyx), den man fest mit Erde zudeckte. Dieser gut verschlossene Haufen wurde angezündet, und während

---

[1]) Jacobi, D. Römerkastell d. Saalburg, S. 248.
[2]) Jacobi, D. Römerkastell d. Saalburg, S. 248.
[3]) Jacobi, D. Römerkastell d. Saalburg, S. 177.
[4]) H. Blümner, Technologie d. Gewerbe u. Künste b. Griechen u. Römern, Bd. IV S. 168, Bd. II S. 347.
[5]) H. Blümner, Technologie d. Gewerbe u. Künste b. Griechen u. Römern, Bd. I S. 65; Overbeck, Pompeji, S. 389.

das aufgeschichtete Holz langsam schweelte, wurden mit langen Spiefsen an den Seiten Löcher hineingestofsen,[1] damit es nicht an dem nötigen Luftzug fehlte.

Für gewisse Gewerbe waren Holzkohlen aus besonderen Hölzern beliebt, so bevorzugten die Silberarbeiter die Holzkohlen einiger Eichenarten, des Erdbeerbaumes und der Pinie.[2]

Kapitel 2.

Holzkohlenbecken.

Geschlossene Öfen und Kamine mit Schornsteinen kannte der Römer nicht. Da, wo Holzkohlen fehlten oder zu teuer waren, mufste deshalb, wenn wir vorläufig von den nur selten vorkommenden Heizungen durch Hypokausten und Kanalheizungen absehen, der mit offenem Holzfeuer unvermeidliche Rauch, welcher, je nachdem das Holz besonders getrocknet wurde, immer mehr oder minder belästigend blieb, mit in Kauf genommen werden. Das einzige Mittel, um Rauch und Rufs bei offenem Feuer im Raum gänzlich zu vermeiden, war die Verwendung von Holzkohle in tragbaren oder feststehenden Feuerbecken der verschiedensten Gröfse und Form.

Noch heute bildet diese Art der Heizung durch Holzkohlen in tragbaren Feuerbecken fast die ausschliefsliche Heizmethode in den südlichen Ländern Europas und Asiens, welche Becken in Spanien brazero, in Süd-Italien Scaldino, in Toscana Marito und in Mittelasien Mangal benannt werden.

Wie sehr solche Spender von Wärme in diesen Ländern geschätzt werden, geht daraus hervor, dafs von dem türkischen Sultan dem deutschen Kaiser bei Gelegenheit der Palästinareise im Jahre 1898 unter anderem ein massiv silbernes Holzkohlenheizbecken zum Geschenk gemacht worden ist.

---

[1] H. Blümner, Technologie d. Gewerbe u. Künste b. Griechen u. Römern, Bd. II S. 348.

[2] H. Blümner, Technologie d. Gewerbe u. Künste b. Griechen u. Römern, Bd. IV S. 320.

Noch vor den Römern haben die alten Griechen, wie aus den neuen Ausgrabungen bei Priene hervorgeht, bereits reichgeschmückte tragbare Holzkohlenbecken zur Heizung verwandt.

In Deutschland ist allgemein eine ungünstige Meinung über die Güte und Wirksamkeit von derartigen Holzkohlenfeuerbecken verbreitet, indem man solche Holzkohlenfeuerungen wegen des angeblich entstehenden Kohlendunstes für gefährlich und aufserdem für wenig wirksam hält.

Eigentümlicherweise hat sich die Heiztechnik mit der näheren Untersuchung dieser ältesten und am weitesten verbreiteten Heizungsart niemals näher beschäftigt, obgleich durch dieselbe noch heute vielleicht mehr Menschen gewärmt werden als durch Öfen, Kamine und Centralheizungen zusammengenommen. Es erklärt sich dies dadurch, dafs in vielen Ländern die Beheizung durch Holzkohle schon wegen des hohen Preises derselben nicht in Betracht kommen kann, und dafs man dort durch die Not der Umstände getrieben wurde, bauliche Einrichtungen (Schornsteine) zu schaffen, welche auch mit nicht rauchlosem Brennmaterial Räume behaglich zu beheizen gestatten. Es fehlen aus obigem Grunde bis jetzt dem Heizingenieur alle zur Beurteilung der Wirksamkeit und Leistungsfähigkeit derartiger Holzkohlen-Feuerbeckenheizungen erforderlichen, durch Versuche festgestellten Daten.

Die Meinungen gewiegter Kenner und ernster Forscher, welche selbst jahrelang offene Holzkohlenfeuerbecken im eigenen Gebrauch hatten, lauten durchaus nicht so absprechend, als die Urteile von Reisenden, welche nur gelegentlich mit solchen Apparaten in flüchtige Berührung gekommen sind. So ist es vor allem das Zeugnis Winkelmanns, der nach langjährigem Aufenthalte in Italien schreibt[1]):

»Die wohlhabenden Leute unter den Alten waren aber ohne Kamin bei einem blofsen Feuerbecken besser wider die Kälte verwahrt als wir.«[2])

---

[1]) Winkelmanns sämtl. Werke, Bd. II, 1825, S. 38.
[2]) Dr. Berger, Moderne u. antike Heizmethoden, S. 23, citiert obigen Ausspruch Winkelmanns, indem er aber die Worte »ohne Kamin bei einem blofsen Feuerbecken« wegläfst, verändert er willkürlich den klaren

Auch Overbeck-Mau[1]) schreibt über die Feuerbecken oder Kohlenpfannen, »welche im Winter da, wo man nicht etwa durch Hypokausten heizte, was in Pompeji aufser in Baderäumen nicht vorkommt, unsere Öfen ersetzen mufsten und ganz so gut oder so schlecht ersetzt haben werden, wie die ganz verwandten Kohlenbecken dies thaten und thun, welche vor noch nicht langer Zeit den ganzen Heizapparat im modernen Süditalien ausmachten, übrigens besser sind als ihr Ruf durch manchen modernen Reisenden.«

Und Engelmann[2]) sagt hierüber:

»Öfen, wie wir sie kennen, gibt es im Altertum durchaus nicht, ebensowenig wie noch heute im gröfsten Teil von Italien; wurde es kalt, dann stellte man wohl, ebenso wie es noch heute geschieht, eine Kohlenpfanne auf, an der man sich wärmte. — Die Frage nach der Heizung, ebenso wie die nach Schornsteinen in der Küche, ist uns Nordländern ja eine sehr naheliegende, die aber für den Süden gar keine Rolle spielt, wie man noch heute jeden Tag erproben kann. Von den Fremdenquartieren abgesehen, in denen aus praktischen Gründen den Sitten und Gebräuchen der nördlicher wohnenden Völkerschaften reichlich Rechnung getragen wird, steht noch heute der gröfste Teil von Italien genau auf dem Standpunkte des Altertums. Es gibt keine Öfen, ebensowenig Schornsteine, weil fast ausschliefslich als Brennmaterial Holzkohlen dienen, die im Freien angezündet, dann weiterglimmen, ohne dafs es eines besonderen Rauchabzuges bedarf.«

Auch die hauptsächlich von Vitruv[3]) gegebene Vorschrift, dafs in Winterspeisesälen nicht eine reiche Ausschmückung, sondern nur glatte Gesimse zweckmäfsig seien, weil der Rauch des Feuers eine

Sinn dieses Ausspruches dahin, als wenn Winkelmann die Beheizung durch Hypokausten im Sinne gehabt habe, und Walter Lange, Das antike griechisch-römische Wohnhaus, S. 131, indem er Dr. Berger nachspricht, führt ebenfalls Winkelmanns Ausspruch in diesem unberechtigten und in das Gegenteil verkehrten Sinn an.

[1]) Overbeck-Mau, Pompeji, S. 439.
[2]) R. Engelmann, Pompeji. Berühmte Kunststätten, S. 58.
[3]) Vitruv, Buch 7 Kap. 3 Abs. 4, Buch 7 Kap. 4 Abs. 4.

reiche Ausschmückung verderbe, kann sich nur auf mit offenem
Holz-Feuer beheizte Räume beziehen, denn in Pompeji ist gerade
der notorisch durch ein grofses im Raume noch vorhandenes
Kohlenbecken erheizte Raum, das Tepidarium in der Männerabteilung der Forumsbäder, sehr reich dekoriert und übertrifft in
dieser Beziehung alle anderen Abteilungen dieser Thermen.[1]

Das gleiche berichtet Kuszinsky[2] von einem Raum einer
Villa in Aquinium, welcher während der rauhen Jahreszeit dem
Hausherrn als Empfangssaal diente, dessen Überreste der Aus-
stattung auf eine Eleganz hinweisen, wie sie in keinem der übrigen
Räume sich vorfand. — Die Beheizung dieses Raumes konnte aber
auch nur durch Kohlenbecken bewerkstelligt werden.

Auch Mau[3] berichtet, dafs das Wintertriclinium in der Casa
del poeta tragico in Pompeji ein gutes Beispiel eines reich und
sorgfältig gemalten gut erhaltenen Zimmers der letzten Zeit Pompejis
sei, und doch wurde es nur durch Holzkohlenpfannen beheizt.

In der Küche eines Hauses am Ende der Nolastrafse in Pompeji,
deren durch Ziegel abgedeckte Holzbedachung restauriert ist, steht
ein völlig erhaltener Küchenherd. Die mit hellen zarten Farben
gemalten Wandbilder des Küchenraumes zeigen keinerlei Spuren von
Rauch, während heute noch im Apoditerium der Forumsthermen
in Pompeji der durch hingestellte Lampen an der Wand erzeugte
Ölrufs sichtbar ist[4], ein Beweis, dafs die Feuerung in dieser Küche
ohne Rauch bewerkstelligt wurde, was nur durch Verbrennen von
Holzkohlen möglich war.

Auch Overbeck-Mau[5] ist der Meinung, dafs in den Küchen
gewöhnlich mit rauchlos brennenden Holzkohlen gebeizt worden
sein wird.

Die Auffassung, dafs die Römer in Räumen, die durch Holzkohlenpfannen erheizt wurden, unempfindlich gegen Rauch hätten
sein müssen[6] und deshalb solche nur in untergeordneten Räumen

---

[1] Overbeck-Mau, Pompeji, S. 206.
[2] Kuszinsky, Ausgrabungen von Aquinium, S. 102.
[3] Mau, Führer durch Pompeji, 2, S. 79.
[4] Overbeck-Mau, Pompeji, 4, S. 205.
[5] Overbeck-Mau, Pompeji, 4, S. 440.
[6] Jacobi, Das Römerkastell Saalburg, S. 246.

angewendet worden seien, ist nach den oben gegebenen unbestrittenen Thatsachen nicht haltbar, da gerade die reichst dekorierten Räume nachweisbar durch Kohlenpfannen beheizt wurden.

Nach allem diesem kann kein Zweifel bestehen, daſs ebenso wie die jetzt noch im Gebrauch befindlichen Kohlenpfannen keinen Rauch verursachen, auch die von den Römern gebrauchten Holzkohlenpfannen ohne Rauchbildung thätig waren, und daſs die Angaben römischer Schriftsteller über das Rauchen der in den Räumen aufgestellten Feuerungen sich nur auf Heizung durch Holz und nicht auf Holzkohlenpfannen beziehen können.

Die Beheizung durch Holzkohlen, deren Verbrennungsprodukte in den beheizten Raum eindringen, beschränkt sich zu jetziger Zeit nicht auf die Verwendung von Kohlenbecken in den südlichen und östlichen Ländern. — Der in keinem russischen Wohnzimmer fehlende, immer mit Holzkohlen beheizte Theekessel (Samovar) dient teilweise auch als Heizapparat. Die Verbrennungsprodukte der Kohlen strömen aus demselben direkt ins Wohnzimmer. In nicht direkt sichtbarer Weise aber werden in Ruſsland die dort bei Verbrennung von Holz im Feuerraum der Stubenöfen nachbleibenden Holzkohlen zur Beheizung der gewöhnlich vom Zimmer aus bedienten Stubenöfen dadurch nutzbar gemacht, daſs, sobald das Holzfeuer im Feuerraum des Ofens soweit niedergebrannt ist, daſs nur noch Holzkohle nachgeblieben ist, was durch die blaue Farbe der über den Kohlen sichtbaren Flamme erkannt wird, der Schornstein des Ofens durch besonders konstruierte, nahezu luftdicht abschlieſsende Klappen (Wiuschki) sorgfältig geschlossen wird. Dann wird eine Klappe am Ofen (Scharawoi Duschnik) geöffnet, welche eine direkte Einströmung der Verbrennungsprodukte der Holzkohlen nach dem Zimmer gestattet. Die hierdurch bewirkte Einführung der Verbrennungsprodukte der, nach Abbrand des Holzes im Feuerraum des Ofens nachbleibenden Holzkohlen, direkt in den Wohnraum ist in ganz Ruſsland, wo bis heute meist mit Holz geheizt wird, allgemein üblich und hat ebensowenig wie die Aufstellung des Samovars im Zimmer irgend welche Nachteile gezeigt. Es ist hierbei nur erforderlich und wird streng darauf gesehen, daſs bei den Stubenöfen der Schornstein nicht früher geschlossen werde.

bevor nicht alle hellleuchtenden Flammenteile im Feuerraum ver-
schwunden sind.

Bevor noch die Appretur-Anstalten der Sammt- und Seiden-
fabriken in Crefeld und Umgegend an den Appretur-Tischen zum
Absengen Gasflammen verwendeten, wurde nach Angaben, welche
ich der Güte des Herrn Schipper verdanke, das Absengen durch
5—7 cm hoch geschichtete brennende Holzkohlen, über welche die
Stoffe hinweggeführt wurden, bewirkt. — Auffallend war hierbei,
dafs beim Appretieren mit Holzkohlen die grofsen Räume (Säle 12
bis 14 m lang und 5—6 m breit), welche keinerlei andere Zimmer-
heizung hatten, auch im Winter angenehm temperiert waren, und
dafs die Arbeiter in keiner Weise, in den allerdings gut ventilierten
Räumen, von den Verbrennungsgasen belästigt wurden.

Obgleich demnach eine grofse Reihe von Thatsachen vorliegt,
welche beweisen, dafs die direkte Verbrennung von Holzkohle in
beheizten Räumen ohne merkliche Übelstände auch heute noch
stattfindet, erscheint es doch notwendig, hauptsächlich auch um
die Umstände aufzuklären, unter welchen eine solche Heizmethode
gefährlich werden kann, durch direkte Versuche die Sache zu klären,
und zwar einmal nach der Richtung hin, wie weit und unter welchen
Umständen die in den beheizten Raum übertretenden Verbrennungsprodukte der Holzkohlen schädlich sind oder werden können, und
dann bezüglich der Leistungsfähigkeit derartiger Holzkohlenpfannen.

Die Verbrennungsprodukte reiner Holzkohle enthalten bei
vollkommener Verbrennung ausschliefslich Kohlensäure und Stickstoff, bei nicht vollkommener Verbrennung kann Kohlenoxyd, ein
äufserst giftiges, auch als Kohlendunst bezeichnetes Gas entstehen.

Es war früher allgemein angenommen, dafs bei der Verbrennung von Kohle, Kohlenoxyd anstatt Kohlensäure dann entsteht, wenn der Luftzutritt zum Feuer gehemmt ist, aus Mangel
an dem zur Verbrennung erforderlichen Sauerstoff.[1] — Neuere
Untersuchungen aber[2] haben bewiesen, dafs bei niederer Tem-

---

[1] C. Schinz, Die Heizung und Ventilation von Fabrikgebäuden, S. 62.
[2] Prof. Meidinger, Badische Gewerbezeitung, 30. Juni 1894, S. 347. —
Dr. Walther Hempel, Zeitschr. d. Ver. für Dampfkesselüberwachung, 15. März
1896, No. 6, S. 122.

peratur im Verbrennungsraum ausschliefslich Kohlensäure entsteht,
Kohlenoxydgas aber nur bei hohen Temperaturen und in um so
gröfserem Verhältnis, als die Temperatur im Verbrennungsraum
steigt. In normal eingerichteten Feuerungen mit Rost und Schornstein verbrennt das gebildete Kohlenoxydgas noch im Feuerraum
wieder zu Kohlensäure.

Die Dimensionen der noch vorhandenen römischen Kohlenpfannen, welche ohne Roste waren, ergeben, dafs die Höhe der
Holzkohlenschicht in denselben 10 cm bis höchstens 15 cm betragen
hat. — Es wurden, um festzustellen, ob unter diesen Verhältnissen
Bildung von Kohlenoxyd eintreten kann, von Dr. Eckhardt in dem
chemischen Laboratorium der Hüstener Gewerkschaft auf meine
Anregung Versuche in der Weise angestellt, dafs auf einem 0,25 m
breiten und 0,35 m langen Kohlenbecken aus Schwarzblech Holzkohle in einer Schichthöhe von 10—15 cm verbrannt wurde. Dicht
über den brennenden Kohlen wurden im Verlauf von 3 Stunden
50 Liter Gase abgesaugt. Diese Gase wurden mit 20% Natronlauge
und reinem Wasser gewaschen und durch eine Lösung von 1 g
Palladiumchlorür (Reagens auf Kohlenoxyd) in 500 ccm Wasser
geleitet, so zwar, dafs die einzelnen Gasblasen zu zählen waren.
Die Mündung der Aufsaugeröhren war 3 cm von der glühenden
Kohlenschicht entfernt und wurde in dieser Entfernung während
des Versuches erhalten. Gegen Mitte des Versuches hatte sich nur
erst ein leichtes Metallhäutchen gebildet, erst gegen Ende hatten
sich kleine schwarzglänzende Flocken ausgeschieden, die sich aber
als stark voluminös erwiesen, da ihr Gewicht nicht festzustellen war.
Die Entwickelung von Kohlenoxyd ist eine nur ganz minimale, als
Spur zu bezeichnende gewesen.

Dieser direkte Versuch bestätigt vollständig die durch mehr
als tausendjährige Praxis bekannte Thatsache, dafs unter normalen
Verhältnissen bei der Verbrennung der Holzkohle in offenen Becken
ohne Rost bei niedriger Brennschicht das gefährliche Kohlenoxydgas in irgend nennenswert schädlicher Quantität nicht entsteht.
Weitere in gleicher Weise angestellte Versuche ergaben, dafs die
Verbrennungsprodukte von Holzkohlen in einem unten mit Rost
versehenem, oben offenen Blechcylinder von 31 cm Durchmesser

verbrannt, bei Schichthöhe der brennenden Kohlen von 33 cm
0,012 % und bei 50 cm Schichthöhe 0,05 % Kohlenoxydgas ent-
hielten. Es fand somit bei diesen Schichthöhen eine nicht unerheb-
liche Erzeugung des äufserst giftigen Gases statt.

In Deutschland sind solche oben offene, am Boden mit einem
Rost versehene Cylinder von 0,25—0,33 m Höhe, auf drei Füfsen
stehend, als Kohlenbecken im Gebrauche (Fig. 2); auch findet man
zuweilen hierzu Eisencylinder mit durchlochter Aufsenwand und mit
festem Boden (Fig. 3) verwendet. Soweit solche Öfen mit hoher

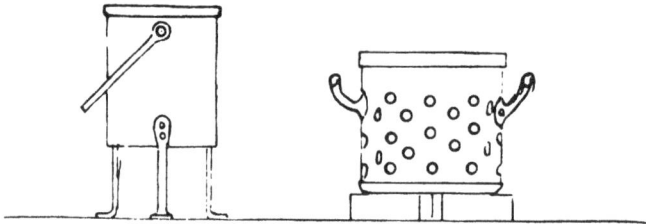

Fig. 2 und 3. Deutsche Holzkohlenpfannen.

Brennschicht und Rost als Lötöfen Verwendung finden, welche zum
Zweck der hinreichenden Erhitzung der Lötkolben höhere Temperaturen erzeugen müssen, ist gegen eine solche Form nichts ein-
zuwenden, jedoch nicht aufser acht zu lassen, dafs in diesen Öfen
das giftige Kohlenoxydgas erzeugt wird.

Die Verwendung derartiger Öfen auch zu Heizzwecken, wie es
in Deutschland und Frankreich noch zuweilen geschieht, ist jedoch
direkt gefährlich. Es ist deshalb die Antipathie gegen Holzkohlenpfannen in Deutschland begründet und erklärlich, doch ist es nicht
gerechtfertigt, diese Antipathie auf die Kohlenpfannen ganz anderer
Bauart, wie solche im Süden noch heute im allgemeinen Gebrauch
sind, und welche auch schon die alten Römer in gleicher Form
benützten, zu übertragen, wie es leider geschieht.

Die Römer haben die Regel, dafs Holzkohle, wenn die Verbrennungsprodukte derselben direkt den Wohnräumen zugeleitet
werden, nur in niedriger Schichthöhe und ohne Rost straflos verbrannt werden dürfen, wahrscheinlich schon von den Griechen
übernommen und dieselbe an die heute lebenden Völker des Südens

bis tief nach Asien hinein vererbt, obgleich, wie es scheint, kein
alter Schriftsteller diese Regel vorgeschrieben oder besprochen hat.
— Nur der Norden hat hiervon keine Kunde erhalten, und erst
der chemischen Untersuchung der Bedingungen des Verbrennungs-
prozesses ist es vorbehalten geblieben, die Ursache dieser Ge-
pflogenheit der Alten zu erkennen und diese vielleicht auch bei
uns zur Annahme zu bringen.

Unter normalen Verhältnissen aber, bei Schichthöhen bis zu
0,15 m, wie bei den Kohlenbecken der Alten und ohne Verwendung
von Rosten, wodurch eine niedrige Verbrennungstemperatur gesichert
wird, bestehen die Verbrennungsprodukte von reiner Holzkohle nur
aus Kohlensäure und Stickstoff, wobei von dem immer vorhandenen
Gehalt der Kohle an hygroskopischem Wasser und von zufälligen
Verunreinigungen abgesehen ist.

Die geringe Vermehrung des Stickstoffgehaltes der Raumluft
durch die Verbrennungsprodukte kommt nicht in Betracht. Die in
den Verbrennungsprodukten außerdem enthaltene Kohlensäure ist
zwar ein dem Atmungsprozeß nicht zuträgliches Gas, doch ist nach
Prof. Emmerichs Versuchen[1]) ein Gehalt der Atemluft von 2%
Kohlensäure ebenso unschädlich als unmerklich, und erst bei einem
Kohlensäuregehalt der Atemluft von 8% und mehr wird der Mensch
in seinem Befinden ernstlich bedroht.

Das gleiche bestätigen die neuerdings von Prof. Lehmann
publizierten[2]) Versuche, welche auf Grundlage eines länger dauernden
Aufenthaltes in mit Kohlensäure geschwängerter Luft angefüllten
Räumen angestellt wurden. — Es ergab sich, daß bei einem Kohlen-
säuregehalte zwischen 1% und 2%, selbst wenn diese Mengen jahrelang täglich viele Stunden eingeatmet wurden, und selbst wenn dann
und wann Dosen von $6—12\%$ eintreten, keine gesundheitsschädlichen
Einwirkungen nachweisbar sind. Ein Kohlensäuregehalt von 2% der
Raumluft wird jedoch bei direkter Verbrennung von Holzkohlen im
Raum unter den gewöhnlichen Verhältnissen kaum jemals erreicht,
wie aus folgender vergleichsweisen Berechnung für das Caldarium der

---

[1]) Zeitschr. für Heizungs-, Lüftungs- und Wasserleitungstechnik, Heft 10,
1898, S. 158.
[2]) Archiv für Hygiene 1898, S. 347.

Männerabteilung der Forumtherme in Pompeji unter Annahme der ungünstigsten Temperaturverhältnisse bei stärkster Heizung sich ergibt.

Nach einer später gegebenen Berechnung (S. 30) ist unter Annahme der geringsten Aufsentemperatur von 0° und 60° C.
Innentemperatur der maximale stündliche durch die Kohlenpfanne
zu ersetzende Wärmeverlust dieses Caldariums zu 30200 WE. kg C.
anzunehmen. Nach Analogie ähnlicher Gebäude und in Anbetracht
des bedeutenden Temperaturunterschiedes zwischen innen und aufsen
kann der natürliche Luftwechsel zu wenigstens einmal stündlich
angenommen werden.

Der Luftinhalt dieses Raumes beträgt 357 cbm und somit der
stündliche Wärmeaufwand um diese Luftmenge, welche stündlich
zuströmt, um 60° zu erwärmen

$$357 \times 0,31 \times 60 = 6660 \text{ WE.}[1]$$

somit für Verlust durch Abkühlung . . . . 30200 WE.

für einmaligen stündlichen Luftwechsel . . . . . 6660 ›

Im Maximum sind dem Caldarium stündlich zuzu-

zuführen . . . . 36860 WE.

Der Heizwert von 1 kg Holzkohle kann zu 7180 WE. kg C.
angenommen werden.[2]

Bei der Heizung durch Kohlenpfannen geht die gesamte im
Brennmaterial enthaltene Wärme an den beheizten Raum über.

Um 36860 WE. dem Caldarium zum Ersatz der Abkühlung
zuzuführen, sind sonach stündlich

$$\frac{36860}{7180} = 5,14 \text{ kg Holzkohle zu verbrennen.}$$

Die Verbrennungsprodukte von 1 kg Holzkohle ergeben rund
1,6 cbm Kohlensäure[3], somit werden durch Verbrennung von
5,14 kg Holzkohle dem Caldarium $5,14 \times 1,6 = 8,2$ cbm Kohlensäure zugeführt, was bei dem angenommenen einmaligen stündlichen

Luftwechsel $\frac{8,2}{357} = 0,023 = 2,3 \%$ Kohlensäuregehalt der Atemluft
ergibt.

---

[1] 0,31 = der Wärmemenge in WE. kg C. um 1 cbm Luft um 1° zu erwärmen.

[2] Dr. F. Fischer, Chemische Technologie d. Brennstoffe. I. S. 386.

[3] Glasers Annalen, 1. Nov. 1898, S. 167.

Ein solcher maximaler Kohlensäuregehalt der Luft, welcher auch nur bei größter Kälte unter den äußersten ungünstigsten Verhältnissen und nur kurze Zeit im Jahre eintreten könnte, ist nach Vorstehendem nicht als der Gesundheit schädlich zu betrachten. Bei Wohnräumen, welche auf viel niedrigerer Temperatur als 60° gehalten werden, ist naturgemäß der Kohlensäuregehalt noch viel geringer. Es mag hier in gleicher Weise wie oben die Berechnung des Maximalkohlensäuregehaltes für ein gewöhnliches Schulzimmer der Jetztzeit für 60 Kinder durchgeführt werden unter der Voraussetzung, daß das Zimmer in altrömischer Weise durch Kohlenbecken erwärmt werde, durch welches ebenfalls gleichzeitig die Erwärmung des zweimal stündlich wechselnd angenommenen Luftquantums erfolgt.

Ein solches Schulzimmer für 60 Kinder hat in den üblichen Dimensionen (7 m × 10 m × 3,8 m) einen Rauminhalt von 266 cbm und annähernd eine maximale stündliche Abkühlung bei 40° Maximal-Temperaturdifferenz von rund 5000 WE. kg C. — Für zweimaligen Luftwechsel sind

$$2 \times 266 \times 0,31 \times 40 = 6600 \text{ WE.}$$

erforderlich.

Für Heizung und Ventilation im Maximum zusammen 5000 + 6600 = 11 600 WE. erforderlich.

Um diese Wärmemenge zu erzeugen müssen $\frac{11\,600}{7180} = 1,61$ kg Holzkohlen stündlich im Raum verbrannt werden, wodurch eine Kohlensäuremenge von 1,61 × 1,6 = 2,54 cbm erzeugt und mit dem Luftquantum von 2 × 266 = 532 cbm vermischt wird, was einem Kohlensäuregehalt von 0,47 % entspricht.

Eine so geringe Vermehrung des Gehaltes an Kohlensäure kann aber niemals nachteilig wirken. Es ist somit die Auffassung, daß es nur die undichten und schlecht verschlossenen Räume der Römer[1] ermöglichten, mit Holzkohlenbecken erhitzte Räume zu bewohnen, eine irrige. Dies schließt jedoch nicht aus, daß bei kleinen, ganz besonders dicht geschlossenen Räumen der Kohlen-

[1] Westdeutsche Zeitschr., Jahrg. IX, S. 263, 1890.

säuregehalt nicht über die zulässige Grenze steigen könnte. — Es
sind Fälle vorgekommen, dafs bei grofser Kälte in Schiffkajüten
zusammengedrängte und eingeschlossene Passagiere durch offene
Kohlenfeuer getötet worden sind.

In frisch gebranntem Zustand, unmittelbar von dem Meiler
kommend, absorbiert die Holzkohle begierig Gase und Dämpfe,
auch Fäulnisprodukte werden von derselben begierig aufgenommen
und zersetzt. Bei der Entzündung solcher mit verschiedenen Stoffen
imprägnierter Holzkohlen zu Heizzwecken werden zuerst alle die
absorbierten Stoffe wieder ausgeschieden. Solange die absorbierten
Stoffe nur aus Wasserdampf, Sauerstoff und Stickstoff bestehen,
hat die Austreibung derselben in den zu beheizenden Raum keine
nachteiligen Folgen. War die Kohle aber an Orten gelagert, an
welchen dieselbe Kohlenwasserstoffe, Schwefelwasserstoff, Ammo-
niakverbindungen und dergleichen aufgenommen hatte, so werden
bei der Entzündung übelriechende und schädliche Gase frei. Aus
diesem Grunde ist es da, wo schädliche Absorptionen durch Holzkohle nicht verhindert werden können eine Regel, die Entzündung
solcher Holzkohlen im Freien oder doch aufserhalb der zu beheizenden Räume vorzunehmen und erst nachdem dieselben vollkommen
angebrannt sind, in den Wohnraum zu tragen.

Diese Regel· wird in Rufsland und Mittelasien allgemein be-·
obachtet.

Eine derartige Vorsicht ist dann nicht erforderlich, wenn den
Holzkohlen die Möglichkeit benommen wird, nachteilig wirkende
Stoffe aus der Umgebung aufzunehmen, wie dies mit besonderer
Sorgfalt, wie ich beobachten konnte, noch heute in Neapel und
Palermo sowie wahrscheinlich überall im Süden geschieht und wohl
auch von den alten Römern bereits geübt wurde. Dort befinden sich
in den ganz abgetrennten Verkaufsräumen für Holzkohlen keinerlei
andere Waren, auch kein Brennholz, höchstens noch englischer
Koks. Die nur aus harten Hölzern hergestellten Kohlen sind dort
von besonderer Güte und Härte, stauben fast gar nicht und geben
bei dem Umschütten in ein Gefäfs einen hellen metallischen Klang.
Es ist anzunehmen, dafs den alten Römern Kohlen gleicher Qualität
zur Verfügung standen.

Auch die Leistungsfähigkeit von Kohlenbeckenheizungen wird
meistens unterschätzt und werden solche Apparate zu unrecht nur
als Vorrichtungen zum Anwärmen der erkalteten Hände und Füſse,
nicht aber als eigentliche Heizvorrichtungen, angesehen. Das ge-
ringere Wärmebedürfnis der Südländer sowie der hohe Preis der
Holzkohle in jenen Gegenden erklären hinreichend, warum heute
für gewöhnlich diese Kohlenbecken dort nicht mit voller Leistung
in Anspruch genommen werden.

Da die Quantität Holzkohle, welche auf der Flächeneinheit
des Kohlenbeckens stündlich verbrennt, nicht bekannt war, war es
nötig, dies durch specielle Versuche erst festzustellen. Das Resultat
einer Reihe von Versuchen in dem chemischen Laboratorium der
Hüstener Gewerkschaft ergab, daſs bei Schichthöhen der Holzkohlen
von 10—15 cm Höhe auf 1 qm Brennfläche einer Kohlenpfanne
ohne Rost im Durchschnitt 7 kg Kohle in der Stunde verbrannt
werden. Die gröſste auf 1 qm Bodenfläche nach diesem Versuch er-
zielte Verbrennung war 8,93 kg Kohle, die geringste beobachtete
Quantität war 6,31 kg.[1]

Da nun 1 kg Holzkohle 7180 WE. bei der Verbrennung an
den Raum abgibt, so kann die Leistung von 1 qm Feuerbecken-
brennfläche mit $7 \times 7180 =$ rund 50000 WE. kg C. stündlich
in Anschlag gebracht werden.

Es ergibt sich hieraus, daſs eine Kohlenpfanne von $\frac{11600}{50000} =$
0,232 qm Brennfläche entsprechend einer Kreisfläche von 0,544 m
Durchmesser so viel Wärme liefert, als im Maximum für Beheizung
und Lüftung des oben S. 15 beispielsweise aufgeführten Schulzimmers
für 60 Schüler erforderlich ist. Die zur Beheizung eines Zimmers
gewöhnlicher Dimension erforderte Gröſse eines Kohlenbeckens entspricht der Gröſse einer Fruchtschale und kann deshalb der Meinung
Overbecks[2], daſs die in Pompeji gefundenen kleinen tragbaren

[1] Dr. F. Fischer, Chemische Technologie der Brennstoffe, I. S. 387, gibt
die auf dem Quadratmeter Rostfläche einer Dampfkesselfeuerung verbrannte
Menge Holzkohle zu 55,4 kg in der Stunde an, also ungefähr achtmal gröſser
als auf einer Kohlenpfanne.

[2] Overbeck-Mau, Pompeji, S. 440.

Herde von Bronze schwerlich als Heizapparate gedient haben
werden, nicht beigestimmt werden.

Das in Pompeji in dem Tepidarium der Forumsbäder aufgefundene, an dem Orte seiner ehemaligen Verwendung stehende
bronzene Kohlenbecken von

$$2{,}33 \text{ m} \times 0{,}8 \text{ m} = 1{,}88 \text{ qm Brennfläche}$$

ist allein schon hinreichend, um eine gröfsere Kirche, wie z. B. die
Egidienkirche in Nürnberg, in welcher mehr als 2000 Zuhörer Platz
haben, mit Sicherheit bei gröfster Winterkälte zu beheizen und
ist dasselbe, wie eine später aufgestellte Rechnung S. 30 zeigen
wird, mehr als hinreichend grofs, um in den Caldarien der pompejanischen Bäder ohne Anstrengung eine so hohe Temperatur
zu erreichen, als solche überhaupt von Menschen noch ertragen
werden kann, wodurch auch die Ansicht Nissens[1]), dafs zur
Steigerung der Temperatur in den pompejanischen Bädern die
Kohlenpfannen nicht ausreichten und erst durch die Anwendung
beheizter doppelter Böden ermöglicht wurde, entsprechend hohe
Temperaturen zu erzielen, sich als irrig erweist.

Es liegt somit kein Grund vor, zu bezweifeln, dafs selbst die
gröfsten Räume, nicht nur in Italien, sondern auch in den kalten
nördlichen Provinzen durch Kohlenbecken beheizt werden konnten,
und dafs die hierzu erforderlichen Dimensionen und die Anzahl
dieser Kohlenbecken keine aufsergewöhnlich grofse zu sein brauchte.
Es ist bei der Beurteilung der erforderlichen Gröfse von Holzkohlenpfannen in Betracht zu ziehen, dafs der ganze Heizapparat nur aus
einer Feuerstelle besteht. Die Gröfse der Rostflächen in den Feuerstellen der Öfen, welche zur Beheizung der gleichen Räume erforderlich wären, würde noch kleiner als die für die Holzkohlenpfannen
angegebenen Flächen hergestellt werden.

Die in Pompeji aufgefundenen, zur Heizung von Räumen be-
stimmten Kohlenbecken sind sehr verschieden in Form und Gröfse.
— Eine grofse Anzahl befindet sich in dem Museo nazionale in
Neapel. — Dieselben stehen meist auf niedrigen Füfsen. Das
gröfste, schon früher erwähnte, ist 2,33 m lang und 0,8 m breit,

---

[1]) Nissen, Pompejanische Studien, S. 147.

0,58 m hoch, eine Stiftung des M. Nigidus Vaccula. — Overbeck-Mau, Pompeji S. 200, bezeichnet dasselbe als im wesentlichen
den noch heutzutage in Neapel gebräuchlichen Kohlenbecken entsprechend. — Auch ich sah ein etwas kleineres aus Schwarzblech
hergestelltes mit vier Füfsen auf einem Holzrahmen ruhendes der-
artiges Kohlenbecken in dem Aufenthaltsraum der Führer vor der
Porta marina in Pompeji mitten im Zimmer stehend im Gebrauch.

Fig. 4. Bronzene Feuerbecken.

Die kleineren im Museo nazionale vorhandenen Kohlenbecken,
meistens in Pompeji gefunden, sind teils rund, teils viereckig in
der in Fig. 4 dargestellten Form.

Das kleinste Kohlenbecken hat einen Durchmesser von 0,36 m.
Ein besonders schön mit Medusenhaupt und Löwenköpfen verziertes Becken (Nr. 72 991 des Kataloges) hat eine Brennfläche von
0,4 m Breite, 0,6 m Länge und ist 0,25 m hoch, ein anderes in
Bronzegufs und Kupfereinlagen ausgeführtes Becken (Nr. 72 989)
hat bei gleicher Höhe eine Brennfläche
0,68 m breit, 0,94 m lang.

Auch die, flache Gefäfse tragenden Drei-
füfse, Fig. 5 und 6, welche Mau als Gefäfse zur Ablage für allerlei Gegenstände,
welche man gerade aus der Hand legen
wollte, bezeichnet,[1] sind augenscheinlich
Heizpfannen, mit besonderer Zierlichkeit
und Eleganz ausgestattet, um in den Prunk-
zimmern des Hauses als Ofen zu dienen.
Auch die schönsten unserer jetzigen Öfen
und Kamine können sich, was die gefällige

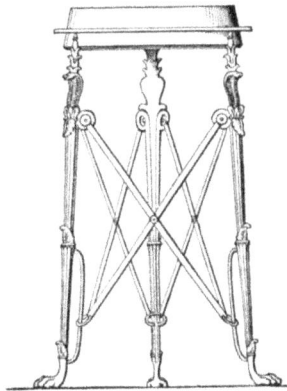

Fig. 5. Bronzener Feuerbecken.

[1] Overbeck-Mau, Pompeji, S. 429.

2*

Form anbelangt, mit diesen alten Heizvorrichtungen nicht messen. Das Kohlenbecken des Dreifufses Fig. 6 hat bei 0,5 m Durchmesser eine Tiefe von 12 cm. Dieses Kohlenbecken wäre somit hinreichend grofs, um ein Schulzimmer gewöhnlicher Gröfse zu beheizen. Ein

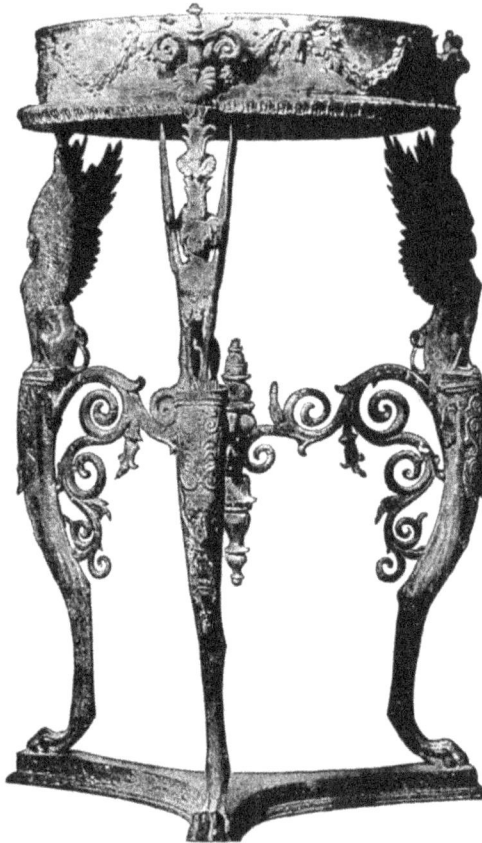

Fig. 6. Bronzenes Feuerbecken.

ganz besonders schöner Dreifufs mit Heizpfanne von 0,45 m Durchmesser ist der ebenfalls im Museo nazionale befindliche (Nr. 72995 des Kataloges), welcher mit fein ausgeschnittenen Arabesken und Köpfen des Jupiter Ammon verziert ist. —

Auch diese kostbaren Heizpfannen beweisen, dafs die Römer ebenso wie noch heute der türkische Sultan dieselben als eine

besondere, jedes künstlerischen Schmuckes würdige Vorrichtung
ansahen.

Eine eigenartige Holzkohlenpfanne fand ich in der Wohnung
des Aufsehers am Teatro greco in Taormina im Gebrauch. In

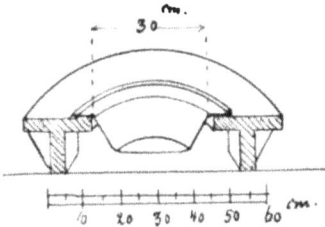

Fig. 7. Kohlenbecken. Taormina.

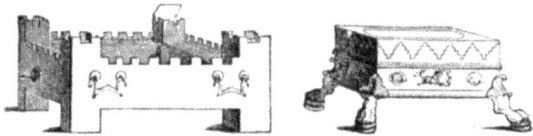

Fig. 8. Bronzener Kohlenbecken zum Speisewärmen.

Fig. 7 ist dieselbe im Durchschnitt dargestellt. Die Pfanne ist aus
starkem Kupferblech mit starkem eisernen Randring und zwei Handhaben hergestellt und ruht in einem Holzring mit vier niedrigen

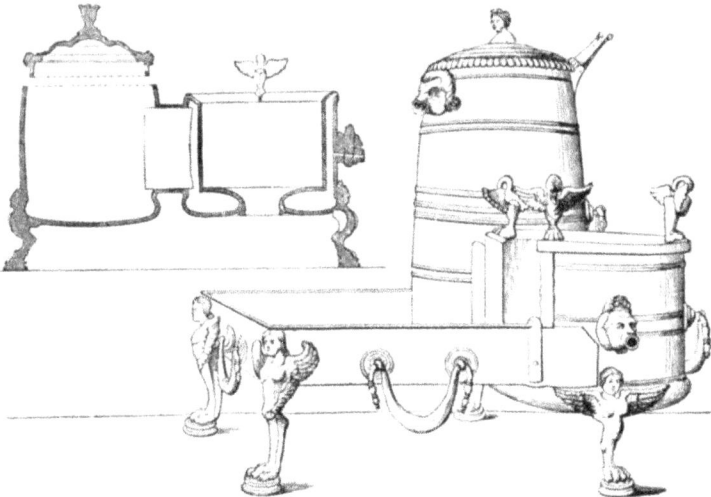

Fig. 9. Bronzener Speisewärmer.

Holzfüfsen. Der Apparat, in dem ein kleines Holzkohlenfeuer brannte,
stand inmitten des mit einem Estrichboden ausgestatteten Zimmers,
und eine alte Frau verrichtete ihre häuslichen Arbeiten auf einem
Stuhl neben demselben sitzend und den Holzrahmen der Feuerpfanne
als Fufsschemel benutzend.

Hierher gehören auch die auf Fig. 8 und Fig. 9 dargestellten
Herde, welche aufser zur Heizung auch gleichzeitig noch zur Er-
wärmung von Wasser dienen konnten. Diese beschreibt Overbeck-
Mau (Pompeji S. 441) wie folgt:

>Sie bestehen wie die Feuerbecken aus einer Feuerplatte
mit umgebendem Rande, der jedoch doppelt und oben verschlossen, eine rundumlaufende Rinne für Wasser bildet. Wird
nun das Innere des Feuerbeckens mit glühenden Kohlen gefüllt,
so mufste, wie leicht einzusehen, das umgebende Wasser schnell
erwärmt werden, und die obere Fläche der erhitzten Röhre oder
Rinne konnte zum Aufstellen heifs zu haltender Schüsseln dienen,
während immerhin die aufsteigende Glut des Feuerbeckens zu
gleichem Zwecke verwendet worden sein mag. Zu gleicher Zeit
konnte man das kochende Wasser benutzen, welches durch einen
Hahn abgezapft wurde. In aller Einfachheit zeigt das niedlich
verzierte Becken rechts in Fig. 8 diese Einrichtung, während
dasjenige links noch um ein geringes vervollkommnet erscheint.
Es gleicht im ganzen einem kleinen Befestigungswerk mit einem
Zinnenkranz, welcher als Ornament für derlei Herde und Feuerbecken ganz besonders beliebt war und bei den Feuerbecken der
Thermen sich wiederholt. An den vier Ecken dieses Herdchens
erheben sich kleine, ebenfalls zinnenbekränzte Türme, welche mit
einem Klappdeckel verschlossen sind; wurde dieser zurückgeschlagen, wie es bei dem einen Türmchen in der Abbildung
ersichtlich ist, so konnte man ein Gefäs mit etwa zu erwärmen-
der Brühe unmittelbar in das heifse Wasser stellen, welches zu
anderweitigem Gebrauche durch den an der linken Fläche erkenn-
baren Hahn abgezapft wurde.<

Verwandt im Prinzip, aber abweichend in der Form und
von weniger einfacher Einrichtung ist der Herd, den Fig. 9 dar-
stellt. Die Grundlage bildet auch hier eine von vier Sphinxfüfsen
getragene Feuerplatte mit einfachem Rande, in dem fünf Handhaben
befestigt sind. Gegen das eine Ende hin endet diese Platte recht-
winkelig, gegen das andere ist sie einerseits halb kreisförmig,
anderseits durch ein rundes tonnenförmiges Bronzegefäs geschlossen.
Der halbrunde nach vorn offene Abschlufs bildet das eigentliche

Feuerbecken und ist von dem Wassergefäſs mit doppelten Wänden umgeben, auf dessen Rande drei Schwäne als Träger eines überzusetzenden Kessels stehen. Während also das Wasser ringsum kochte, strahlten die Kohlen auch nach oben ihre durch die Wände zusammengehaltene Hitze aus, deren Benutzung in diesem Falle augenscheinlich und eben dadurch in anderen Fällen wahrscheinlich ist. Mit dem halbrunden Wassergefäſs, dessen Hahn in Maskenform gearbeitet ist, steht, wie der Durchschnitt zeigt, der tonnenförmige Behälter im Zusammenhange, der mit einem Klappdeckel verschlossen und mit einer Öffnung in Maskenform nahe dem oberen Randes versehen ist. Es scheint, daſs durch das Feuer in dem halbrunden Kohlenbecken das Wasser auch in dem gröſseren Gefäſs zum Kochen gebracht wurde, und daſs die Öffnung zum Ablassen des Dampfes diente, denn als bloſser Behälter kann das gröſsere Gefäſs wegen seiner ganz freien Verbindung mit dem halbrunden nicht gelten. War sein Deckel zurückgeschlagen, so konnte man ein passendes Gefäſs mit der zu erwärmenden Speise in das heiſse Wasser stellen.« —

Die Vorrichtungen auf Fig. 8 und 9 konnten auch ohne Gefahr die Gefäſse zu beschädigen ohne Wasserfüllung gebraucht werden und dienten dann nur zur Beheizung. —

Auch in dem Kunst-Gewerbemuseum zu Berlin befinden sich eine Reihe von Kohlenpfannen — von denen einige Ansichten zu geben mir durch das Entgegenkommen des Museums möglich ist.

Fig. 10 ist ein aus Spanien stammendes, messingenes Kohlenbecken — auſsen achteckig, das eingenietete Becken 0,4 m Durchm. — 15 cm tief.

In der gleichen Abteilung ist auch ein ebenfalls messingenes spanisches Kohlenbecken aus dem 15. Jahrhundert vorhanden. — Das Becken ist achteckig — 0,42 m weit, von Wand zu Wand gemessen, und 10 cm tief — bei einer Gesamthöhe von 0,16 m. —

Fig. 11 zeigt ein italienisches Kohlenbecken aus Kupfer getrieben — 16. Jahrhundert — mit durchbrochenem Deckel, 0,5 m Durchmesser. — Der innere Einsatz, das eigentliche Kohlenbecken, fehlt. —

Noch vor kurzer Zeit würde ein Kohlenbecken mit einem durchbrochenen Deckel überdeckt, wie bei dem Kohlenbecken Fig. 11, welcher den freien Zutritt der Luft zu den brennenden Kohlen erschwert, als eine äufserst gefährliche Einrichtung erschienen sein, da nach dem damaligen Stand der Erkenntnis der

Fig. 10. Messingenes Kohlenheizbecken — spanisch. Museum Berlin.

Verbrennungsvorgänge die Beschränkung des Luftzutrittes die Bildung des giftigen Kohlenoxydgases verursachen sollte. Nach den neueren Untersuchungen, welche klarlegen, dafs die Kohlenoxydbildung ausschliefslich bei höheren Verbrennungstemperaturen möglich ist, ist dies nicht mehr zu fürchten, im Gegenteil verursacht der durchbrochene Deckel über der Kohlen-

Fig. 11. Kupfernes Kohlenheizbecken — italienisch — 16. Jahrhundert. Museum Berlin.

pfanne durch den beschränkten Luftzutritt neben der geringen Schichthöhe der Kohlen eine weitere Herabsetzung der Verbrennungstemperatur, und ist damit eine neue Garantie gegeben, daſs Kohlenoxydgas nicht gebildet werden kann. —

Fig. 12. Chinesisches Kohlenbecken. Museum Berlin.

Fig. 13. Japanesisches Kohlenbecken. Museum Berlin.

Die auch an den chinesischen und japanischen Kohlenbecken
gebräuchlichen durchbrochenen Deckel hatten wahrscheinlich aufserdem noch den Zweck, das Umherfliegen der Kohlenasche, welches
bei Luftzug im Raum eintreten könnte, zu verhindern.

Es unterliegt für mich keinem Zweifel, dafs die auf Fig. 12
und 13 abgebildeten chinesischen und japanischen vasenartigen Gefäfse ebenfalls nichts anderes sind als Holzkohlenpfannenheizöfen. —
Die Deckel sind abnehmbar und greifen in eine vertiefte Umfangsrinne des Unterteiles ein. — In derselben Rinne war jedenfalls
auch die flache Kohlenpfanne mit ihrem Rand eingelegt. Die
Kohlenpfannen selbst, welche aus minderwertigem Material hergestellt werden konnten und von Zeit zu Zeit ersetzt werden mufsten,
sind nicht vorhanden. —

Dafs diese Gefäfse nicht zu Räucherzwecken allein dienen
konnten, geht schon aus der bedeutenden Gröfse der Kohlenbecken-
flächen hervor, welche von 0,360 m bis zu 1 m Durchmesser beträgt. Der äufserst wertvolle chinesische Kohlenheizapparat (Fig. 12),
dessen Aufsenseite vollständig in Zellenschmelz auf Kupfer hergestellt ist, ist eine aufsergewöhnliche Leistung chinesischer Kunst-
fertigkeit. Das Museum besitzt noch eine weitere Anzahl ähnlicher,
reich verzierter chinesischer Heizöfen. —

Auch das auf Fig. 13 abgebildete von drei Dämonen getragene
Gefäfs halte ich für eine Holzkohlenbeckenheizeinrichtung. Der
durchbrochene abnehmbare Deckel ist von einem Adler gekrönt
und greift mit dem unteren Rand in eine Umfangsrinne des Unter-
gefäfses ein. — Auch hier fehlt die eigentliche Kohlenpfanne,
welche einen Durchmesser von fast genau 1 m hatte. Der ganz
aus Bronzegufs hergestellte, wunderbar modellierte und bearbeitete
Holzkohlenofen ist einer der schönsten Heizapparate, welche ich
kenne. — Der grofse durchbrochene Deckel konnte nicht leicht,
wie bei den anderen kleineren dergl. Öfen, von einer Person ab-
gehoben werden. — Augenscheinlich dienen die unter dem Sitz
des Adlers ausgesparten Durchbrechungen dazu, einen Metallstab
hindurch zu stecken, mit dessen Hilfe es zwei Personen ein leichtes
war, den Deckel abzuheben und zu transportieren. — Die Leistungsfähigkeit einer solchen grofsen Heizpfanne ist, wie wir (S. 17) gesehen

haben, eine sehr bedeutende. — Die Heizpfanne der Fig. 13 ist selbst in unserem nordischen Klima im stande, einen Saal für den Verkehr von einigen hundert Menschen zu erwärmen. — Zwei dieser Pfannen würden hinreichen, um den grofsen Rathaus-Saal in Nürnberg zu beheizen. —

Das japanische Becken (Fig. 13) wird als ein Räucherbecken bezeichnet, — was vollkommen zutreffend sein mag. — Um zu räuchern, mufsten in dem Becken glühende Kohlen angehäuft werden, auf welche dann die Räuchersubstanz gebracht wurde. — Wenn aber das 1 m im Durchmesser haltende Kohlenbecken mit glühenden Kohlen bedeckt war, so war seine Heizleistung die oben beschriebene, wobei ganz gleichgültig ist, ob dasselbe auch zu Räucherzwecken gleichzeitig benutzt wurde. — Es ist nicht anzunehmen, dafs nur zu Räucherzwecken eine so grofse Pfanne erforderlich war, und aufserdem liegt kein Grund vor, anzunehmen, dafs die bedeutende Heizleistung desselben nicht nutzbar verwendet worden sei.

Für provisorische Heizeinrichtungen und an den Stellen, wo der Luxus bronzener Kohlenpfannen nicht angebracht war, sind die Kohlenpfannen wohl durch mit Ziegelplatten belegte Fufsbodenstellen, welche mit einem aus flach gelegten Ziegeln gebildeten Rand versehen wurden, ersetzt worden oder auch nur durch ziegelbelegte Vertiefungen im Estrich. —

Flache, auf der Oberseite Brandspuren zeigende Thongefäfse, welche in letzter Zeit in Eining aufgefunden worden sind, haben wahrscheinlich auch als Kohlenpfannen gedient.

Vom theoretischen Standpunkt aus ist der Nutzeffekt bei der Verbrennung von Holzkohlen auf Kohlenbecken der denkbar höchste, da alle im Brennmaterial enthaltene Wärme ohne Verlust dem zu beheizenden Raum mitgeteilt wird.

Auch die Regulierfähigkeit dieses Heizapparates ist eine sehr grofse, da ganz nach Erfordernis und Belieben ein gröfserer oder geringerer Teil der Brennfläche benutzt, und so den wechselnden Ansprüchen an die Erwärmung leicht gefolgt werden kann.

Tabelle

des

stündlichen Maximalwärmeverbrauches, des Kubikinhaltes, der zur Beheizung erforderlichen Holzkohlenmenge und Kohlenbeckenbrennfläche, sowie des Kohlensäuregehaltes der Raumluft bei Kohlenbeckenbeheizung und einmaligem stündlichen Luftwechsel

der

Calderien und Tepidarien der Bäder in Pompeji.

Bezeichnung des Raumes im Grundplan Fig. 30 und 31	Bezeichnung des Raumes	Temperatur-differenz	Maximale stündliche Wärmeabgabe in Wärmeeinheiten kg C.			Raum-inhalt	Stündlich erforderlicher Holzkohlenverbrauch	Erforderliche Grösse der Brennfläche des Kohlenbeckens	Maximalgehalt an Kohlensäure bei einmaligem stündlichen Luftwechsel
			für Heizung	für einmaligen stündlichen Luftwechsel	in Summa				
						cbm	kg	qm	%
1	2	3¹)	4²)	5	6	7	8³)	9⁴)	10⁵)
Fig. 25. Stabianer-Thermen:									
VIII	Caldarium für Männer .	60	38 580	8 470	47 050	456	6,57	0,94	2,1
VII	Tepidarium für Männer .	40	23 290	5 130	28 420	414	3,98	0,47	1,29
4.	Caldarium für Frauen .	60	22 430	6 500	28 930	350	4,03	0,58	1,84
3.	Tepidarium für Frauen .	40	13 730	4 080	17 810	330	2,48	0,36	1,2
	Summa	—	98 030	24 180	122 210	—	—	—	—
1	2	3	4	5	6	7	8	9	10
Fig. 26. Forums-Thermen:									
F	Caldarium für Frauen .	60	20 070	4 140	24 210	223	3,37	0,48	2,3
G	Tepidarium für Frauen .	40	12 760	2 220	14 980	179	2,09	0,30	1,86
E	Caldarium für Männer .	60	30 200	6 660	36 860	357	5,14	0,74	2,33
D	Tepidarium für Männer .	40	24 350	3 240	27 590	263	3,84	0,55	2,3
	Summa	—	87 380	16 260	103 640	—	—	—	—

Kapitel 3.

Daten, Heizung der Baderäume in Pompeji in den Stabianer- und Forumsthermen durch Kohlenbecken betreffend.

Zur leichteren Beurteilung der Heizungs-Verhältnisse in den Thermen Pompejis zu der Zeit als dieselben ausschliefslich durch Kohlenpfannen beheizt wurden, habe ich in nebenstehender Tabelle einige Daten zusammengestellt.

Es ist aus den Zahlen der Tabelle ersichtlich, dafs die erforderliche Gröfse der Kohlenbecken innerhalb der wirklich in Pompeji aufgefundenen Dimensionen solcher Becken liegt, und dafs auch der Maximalgehalt der Raumluft an Kohlensäure im Raum selbst unter den ungünstigsten Verhältnissen die für längeren Aufenthalt in den Räumen als zulässig befundene Menge (S. 13) nicht überschreitet.

Die Forumstherme und die Stabianertherme sind, wie allgemein zugegeben wird, über ein Jahrhundert lang, bis zur Ein-

---

[1] Spalte 3 ist die maximale Temperaturdifferenz zu 60° für die Caldarien und zu 40° für die Tepidarien angenommen. — Es wurde hierbei die niedrigste Aufsentemperatur in Pompeji zu 0° und die Innentemperatur zu 60° C. und 40° C. angenommen, entsprechend den Angaben von F. Gensmer, Bade- und Schwimmanstalten, S. 34 und 56, und Vetter, Moderne Bäder, S. 130.

[2] Der Berechnung der in Spalte 4 angegebenen Wärmemengen liegen folgende Wärmetransmissionskoeffizienten zu Grunde:

Massive Aufsenwand, Kalkstein 0,41 m dick . . = 2,32 WE. pro qm,
Mauer 0,41 m tubuliert . . . . = 1,27 , , ,
Bodenfläche unterkellert . . . . = 1,16 , , ,
Fenster . . . . = 5,00 , , ,
Thüren . . . . = 2,00 , , ,

Die Transmissionskoeffizienten wurden nach Rietschel Lüftungs- und Heizanlagen I, S. 114 und II, Tab. 9, S. 15 bestimmt.

[3] Der Verbrauch an Holzkohlen wurde unter Annahme, dafs 1 kg Holzkohle auf dem Kohlenbecken verbrannt dem Raum 7180 WE. mitteilen, bestimmt.

[4] Die Brennfläche ist bestimmt unter der Annahme, dafs 1 qm Brennfläche des Kohlenbeckens stündlich 50 000 WE. abgeben kann.

[5] Der Maximalgehalt an Kohlensäure in der Raumluft durch die Heizung mittels Holzkohlenbecken und bei stündlich einmaligem Luftwechsel ergibt sich unter der Annahme, dafs bei der Verbrennung von 1 kg Holzkohle 1,6 cbm Kohlensäure erzeugt werden.

führung der suspendierten Böden, welche ungefähr im Jahre 5
n. Chr. Geb. erfolgte, ausschliefslich durch Holzkohlenpfannen beheizt worden.[1]

Kapitel 4.
Direkt beheizte steinerne Badebassins.

An die Wände der Gefäfse, in welchen Flüssigkeiten über
direktem Feuer erwärmt werden sollen, sind die Anforderungen zu
stellen, dafs dieselben aus einem gutleitenden, möglichst dünnen
duktilem Material hergestellt sind. Dieser Anforderung entsprechen
im allgemeinen nur Metallwände. Für kleinere Dimensionen sind
allerdings auch Gefäfse aus Glas, Porzellan und Thon, wie Retorten,
Verdampfschalen und Kochtöpfe im Gebrauch, doch ist es auch
bei diesen Bedingung der Haltbarkeit, dafs das Material der Wand
möglichst dünn, von ganz gleichförmiger Dichtigkeit und ohne
Fugen sei und dabei ebene Formen der dem Feuer ausgesetzten
Flächen vermieden werden.

Gröfsere direkt über dem Feuer stehende Gefäfse aus diesen
Materialien, welche nur annähernd die Gröfse einer gewöhnlichen
Badewanne erreichen, können jedoch nicht in Verwendung kommen.

Die Badebassins in Pompeji sind auf Ziegelpfeilerchen mit
Kalkmörtelfugen aufgemauert mit einer Wandstärke am Boden von
0,3 m bei 1,1 m Breite und 3 m Länge. Der Boden ist eben und
ebenso wie die Seitenwände mit etwa $2\frac{1}{2}$ cm starken weifsen Marmorplatten belegt.

Die thermische Ausdehnung des Marmors ist aber eine ganz
verschiedene von der des Ziegelmauerwerks, und in dem Ziegelmauerwerk von 0,3 m Stärke entstehen über einem direkten Feuer
bei der grofsen Wandstärke und einer ungefähr 100 mal geringeren
Wärmeleitungsfähigkeit als bei Eisen sehr verschiedene Temperaturen. Bei einem Metallkessel ist die Temperatur der Metallwand
über dem Feuer immer nahezu der Wassertemperatur gleich, selbst
wenn die Metallwand mit Feuergasen von mehr als 1000° Temperatur

---

[1] Nissen, Pompejianische Studien, S. 676.

bespült wird. Bei einer Ziegelwand von 0,3 m Stärke aber nimmt die dem Feuer zugekehrte Seite nahezu die Temperatur der Heizgase, unter obiger Voraussetzung also eventuell 1000^0, an, während die Temperatur der vom Wasser benetzten Innenfläche der Ziegelwand nahezu der Wassertemperatur gleich ist.

Infolge so enormer Temperaturdifferenzen in der Wand, treten unvermeidlich ungleiche Ausdehnungen und Risse ein, welche bei dem erstmaligen Anheizen bereits die Wasserdichtigkeit des Bassins aufheben. Es ist dabei ganz gleich, ob das Bassin anfangs mit Wasser gefüllt war oder nicht.

Ja selbst ein aus Gußeisen hergestelltes Wasserbassin von der Form und Größe der Steinbassins mit flachem Boden wie in Pompeji, würde bei dem ersten Anheizen Sprünge erhalten und untauglich werden. Es erscheint demnach vollständig ausgeschlossen, die aus Ziegelmauerwerk mit Marmorverkleidung hergestellten Badebassins in Pompeji von unten zu beheizen, ohne dieselben zu zerstören.

Das Gleiche gilt von den unterkellerten Badebassins an anderen Stellen, welche teilweise ohne Marmorverkleidung ausgeführt sind, aber Bodenstärken bis 0,4 m und sogar mehr noch aufweisen.

Bei einem praktisch thätigen Feuerungs-Ingenieur kann ein Zweifel in dieser Beziehung überhaupt nicht vorhanden sein, und ist die Anschauung, daß solche gemauerte Badewannen direkt gefeuert werden könnten, einzig dem angeblich aus den Bädern des Titus stammenden Trugbild (Fig. 1) zuzuschreiben, welche Anschauung hätte verschwinden sollen von dem Augenblick an, in welchem das Bild als beweiskräftiges Dokument nicht mehr angesehen werden konnte.

Schon v. Cohausen hat ausgesprochen[1]):

»Wer glaubt, mittels gemauerter Hypokausten eine Wassermasse wärmen zu können, in der man wirklich baden oder gar schwimmen kann, der kennt die technischen Schwierigkeiten nicht, Fußboden und Wände so zu konstruieren und zu cementieren, die von oben und von den Seiten einen Druck von 1 m

---

[1]) v. Cohausen, Grenzwall, Nachtrag, S. 23.

Krell sen., Altrömische Heizungen. 3

und mehr kalten Wassers aushalten sollen, während sie von unten
geheizt werden, er übersieht, daſs sie allenthalben Risse bekom-
men, durch welche das Wasser alsbald über das Feuer Herr
werden würde.«

v. Röſslers Entgegnung hierauf[1]), welche die groſse Erfahrung römischer Baumeister ins Feld führt und als Beweis dafür,
daſs gemauerte Kanäle bei Feuerungen ohne Nachteil bis zu einem
gewissen Grade erwärmt werden können, beispielsweise freistehende
Schornsteine, welche im Winter von auſsen stark abgekühlt werden,
anführt, übersieht hierbei, daſs die Schornsteinwände nicht wasserdicht zu sein brauchen.   Ein Versuch, einen solchen in Gebrauch
gewesenen Schornstein auch nur 1 m hoch mit Wasser zu füllen,
würde ihm zeigen, wie richtig die Behauptung v. Cohausens gewesen ist.   Die Urteilsfähigkeit und Erfahrung römischer Baumeister
hätte v. Röſsler nur noch etwas höher einschätzen sollen, und er
wäre zu dem Schluſs gekommen, daſs keiner derselben jemals daran
gedacht hat, steinerne gemauerte Wasserbassins von auſsen zu
beheizen.

Auch Graf v. Walderdorff[2]) ist der Meinung, daſs niemals
das Wasser in gemauerten Wannen bis zum erforderlichen Grad
von Wärme gebracht werden konnte, da die ganze Anlage in kurzer
Zeit zu Grunde gerichtet worden wäre.

Ebenso Jacobi[3]) hat das Gefühl, daſs die Erwärmung des
Badewassers in dem Bassin des alten Bades im Innern der Prätentura
der Saalburg (Fig. 35), wobei das Feuer vom Präfurnium aus noch
einen weiten Weg zurückzulegen hatte und der Boden des Bassins
eine Dicke von 0,4 m ausweist, Schwierigkeiten gehabt haben möge.

Wer mit Heizungen speciell zu thun gehabt hat und die vorhandenen Dimensionen in Betracht zieht, wird diese vermeintliche
Art der Wassererwärmung nicht nur schwierig, sondern unmöglich
finden.

---

[1]) Westdeutsche Zeitschr., Jahrg. IX, S. 269, v. Röſsler, Die Bäder der
Grenzkastelle.

[2]) Graf v. Walderdorff, D. Römerbauten an d. Königsberg b. Regensburg, S. 69.

[3]) Jacobi, Das Römerkastell Saalburg, S. 263.

Eigentümlich ist die Übereinstimmung, mit welcher O v e r b e c k -
M a u[1]) und mit ihm M a r q u a r d t[2]) und M i c h a e l i s[3]) die Meinung vertreten, dafs das Wasser in der nachträglich in das Tepidarium der Männerabteilung der Stabianer-Thermen in Pompeji
eingebauten Steinwanne durch eine eigene Feuerung unter der
Wanne, welche vom angrenzenden Korridor beheizt wurde, erwärmt worden sei. Das angebliche Präfurnium dieser Heizung aber
(K Fig. 30) ist eine einfache Fundamentöffnung, ohne feuerfeste
Auskleidung. Ein Schornstein zu dieser vermeintlichen Feuerung
ist auch nicht vorhanden und nach vorstehend Erörtertem kann
von einer Unterfeuerung der Wanne überhaupt keine Rede sein.
v. R ö f s l e r aber[4]) hat diesem ›Präfurnium‹ eine andere Bedeutung zugewiesen, er erkennt in demselben ein Lockfeuer, welches
die Aufgabe hatte, beim Anheizen die Luftmassen in den Hohlräumen soweit in Bewegung zu bringen, dafs eine für die Hauptfeuerung genügende Zugwirkung entstand. Durch ein Lockfeuer
allein kann aber eine Zugwirkung nicht entstehen, es ist hierzu
unter allen Umständen ein Schornstein erforderlich, der aber auch
von v. R ö f s l e r nicht aufgefunden worden ist.

Auch W. S c h r e i n e r[5]) behauptet, dafs die in Eining vorhandenen, vollkommen erhaltenen gemauerten Wannen heute noch
heizbar seien. Es ist hierauf zu erwidern, dafs, wie später erörtert
werden wird, überhaupt nur zwei Badebassins als vorhanden anerkannt werden können und zwar nur die in den Räumen R und H
(Fig. 39). Diese beiden Bassins aber können schon deshalb nicht
in der von S c h r e i n e r behaupteten Weise beheizt werden, weil
das Bassin in Raum H überhaupt weder hohlen Boden noch hohle
Wände hat und das Bassin in K ebenfalls keinen hohlen Boden
und nur tubulierte Seitenwände, deren Hohlräume jedoch keinerlei
Verbindung mit dem Hohlraum unter E haben.

---

[1]) O v e r b e c k - M a u, Pompeji, S. 227 und 224.
[2]) M a r q u a r d t, Privatb. d. Römer, S. 297.
[3]) M i c h a e l i s, Archaeolog.-Ztg., Jahrg. XVII, Nr. 124, S. 40.
[4]) v. R ö f s l e r, Die Bäder der Grenzkastelle, Westdeutsche Zeitschr., IX,
S. 260.
[5]) W. S c h r e i n e r, Eining und die dortigen Römerausgrabungen, 1886, S. 31.

Es scheint nirgend ein direkter Ausspruch der altrömischen Schriftsteller, daſs gemauerte Wannen von auſsen beheizt wurden, vorhanden zu sein, denn auch die oft in diesem Sinne gedeutete Stelle bei Valerius Max 9. 11, welche lautet:

>C. Sergius Orata pensilia balinea primus facere instituit. Quae impensa levibus initiis coepta ad suspensae calidae aquae tantum aequora penetravit‹,

hat, wie mir von sachverständiger Seite bestätigt wird, nur den Sinn, daſs es von kleinen Anfängen beginnend gelungen ist, auch sehr groſse Warmwasserbassins auf Pfeilern herzustellen, d. i. zu unterkellern.

Sollte sich jedoch auch irgendwo eine Stelle bei einem römischen Schriftsteller finden, wo behauptet wird, daſs gemauerte steinerne Wannen durch direktes Feuer von auſsen beheizt worden seien, so würde dies auf die Beurteilung, in Anbetracht der baren technischen Unmöglichkeit, welche in diesem Falle vorliegt, eine Änderung meiner bezüglichen Anschauung nicht zur Folge haben können.

Auf Grundlage vorstehender Erörterungen halte ich mich für berechtigt, in der Folge jede Annahme bei der Erklärung vorhandener Baureste, welche von der Voraussetzung ausgeht, daſs das Badewasser in gemauerten Wannen durch Unterfeuerung erhitzt oder auch nur warm gehalten worden sei, als eine unzutreffende, weil technisch unmögliche, zu bezeichnen.

Kapitel 5.

Kessel zur Erwärmung des Wassers für die Bäder.

Unter den in Italien und Deutschland noch erhaltenen alten Kesseln römischer Herkunft ist keiner von der Gröſse und Form, wie solche zur Erwärmung des Wassers der groſsen Bäder in Pompeji und Trier erforderlich waren. Es ist dies begreiflich, da bei der Zerstörung und Beraubung der römischen Wohnstätten die

schweren Wasserkessel aus Bronze[1]) ebenso wie die bronzenen
Kohlenbecken einen Hauptteil der Beute gebildet haben werden,
um so mehr, da dieselben wegen ihrer bedeutenden Dimensionen
nicht leicht versteckt werden konn-
ten. Immerhin sind Kessel von
ziemlich bedeutenden Abmessungen
und in verschiedener Technik der
Ausführung vorhanden, welche die
grofse Leistungsfähigkeit der Römer
im Kesselbau erkennen lassen und
den Beweis liefern, dafs die An-

Fig. 14. Kessel aus Bronze.
Museum Neapel.

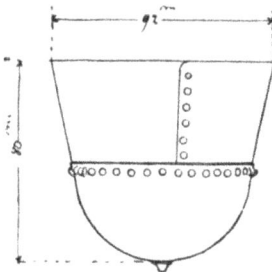

fertigung so grofser Kessel, wie solche durch die baulichen Reste
der Feuerstätten, welche noch vorhanden sind, bedingt werden,
für die Römer nicht unüberwindliche Schwierigkeiten machte.

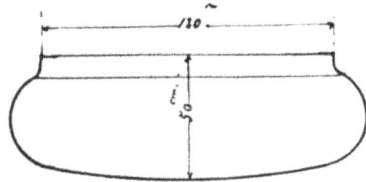

Fig. 15.
Genieteter Kessel aus Bronze.
Museum Neapel.

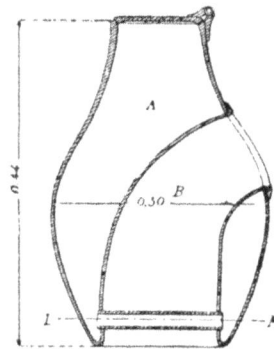

Fig. 16.
Kessel mit innerer Feuerung.
(Francesco Milone — due caldaie
pompejane).

In dem Museo nazionale in Neapel befindet sich ein aus
einem Stück getriebener runder Bronzekessel römischer Herkunft (Fig. 14) von 1,5 m Durchmesser und 0,5 m Tiefe. Der
Boden des Kessels ist gewölbt und die Seitenwände oben eingezogen
und mit innerer flacher Flansche versehen.

---

[1]) Der Ausdruck Bronze ist hier in dem weiteren Sinne für jede Kupfer-
legierung gebraucht, während gewöhnlich der Ausdruck Bronze nur für Kupfer-
Zinn-Legierungen im Gebrauche ist.

Fig. 17. Kessel mit innerer Feuerung. Äussere Ansicht.

An der gleichen Stelle befindet sich unter Nr. 78580 des Kataloges ein Kessel (Fig. 15), dessen nahezu halbkugeliges Unterteil aus Bronzeguſs hergestellt ist. An den Rand dieses Unterteiles sind 7 mm starke Bronzeplatten durch 15 mm dicke Bronzenieten angenietet.

Auch kleinere Kessel von sehr schöner und komplizierter Arbeit sind in demselben Museum vorhanden — unter Nr. 78673 und 73018 des Verzeichnisses — deren Durchschnittszeichnung nach der Publikation von Francesco Milone, 1896, unter Fig. 16,

17, 18, 19 angeführt ist. Diese tragbaren Wasserkessel, deren Henkel und Füſse besonders schöne Formen aufweisen, sind augenscheinlich für Holzkohlenfeuerung eingerichtet und haben die Besonderheit, daſs sie mit Innenfeuerung versehen sind, und daſs der Rost durch Metallröhren gebildet wird, in welchen das Wasser des Kesselinneren cirkuliert. Diese reichverzierten Wasserkessel wurden jedenfalls in Wohnräumen und nicht in der Küche aufgestellt.

Auf Fig. 20 ist der Herd in der Küche des Hauses der Vettier

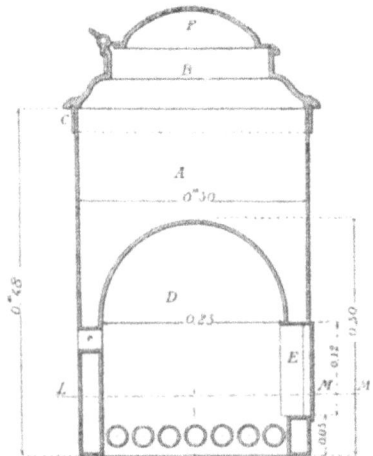

Fig. 18. Kessel mit innerer Feuerung.
(Francesco Milone — due caldace pompejane).

abgebildet. Die Herdplatte ist
mit Ziegeln flach belegt und
ringsum mit vorstehendem
Rand versehen. Die Koch-
gefäfse standen auf Dreifüfsen,
unter denen Holzkohlen gebrannt wurden, ein Schornstein
existiert nicht und war bei
Holzkohlenfeuerung auch nicht
erforderlich.

Die Kochtöpfe und an-
dere Küchengeräte waren meist
aus Bronze getrieben. Im Museo nazionale in Neapel finden
sich eine grofse Anzahl solcher
Gefäfse in allen Gröfsen und
Formen vor.

Aus diesen angeführten
Beispielen ist zu entnehmen,
dafs die Römer über eine
hochentwickelte Metalltechnik
verfügten und auch vor kom-
plizierten Formen von Kesseln und vor grofsen Dimensionen nicht zurückzuschrecken
brauchten.

Obgleich den Römern
ohne Zweifel Schornsteine nicht

Fig. 19.
Kessel mit innerer Feuerung, äufsere Ansicht.

unbekannt waren, so sind solche doch bei den Unterfeuerungen der
in Pompeji jetzt noch vorhandenen gut erhaltenen Kesselanlagen
der verschiedenen Handwerker nicht im Gebrauch. Der immer
runde Kessel ruht, wie unsere jetzigen Waschkessel, mittelst einer
oberen äufseren Flansche auf einem Ziegelunterbau. Der Boden des
Kessels bildet die Decke einer in dem Unterbau ausgesparten
Höhlung, welche von drei Seiten geschlossen und an der vierten,
der Vorderseite, offen ist. Der Boden der Aussparung ist in

gleicher Höhe mit der Öffnung flach mit Ziegeln ausgelegt. Der
auf diese Weise gebildete Feuerraum, welcher jedenfalls mit Holzkohlen beschickt wurde, erhielt die Zuluft durch die immer offene

Fig. 20. Herd in der Küche des Hauses der Vettier. Pompeji.

Heizöffnung, durch welche auch die Verbrennungsprodukte wieder
entwichen. Spuren von Heizthüren sind nicht vorhanden und
konnten auch, da Schornstein und Rost fehlten, nicht zur Anwendung kommen.

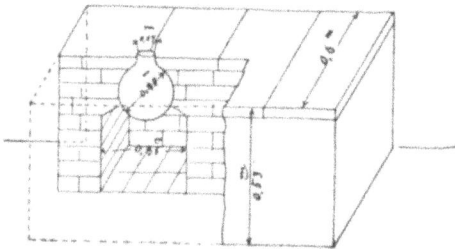

In der Küche eines
Privathauses in der Sta-
bianerstraße in Pompeji
befindet sich ein auf Fig. 21
dargestellter, in seiner Ummauerung unversehrt er-
haltener Kessel aus Bronze,
in einem Stück getrieben
von 1 1/2 mm Wandstärke,

Fig. 21. Wasserkessel, eingemauert. Pompeji.

kleinerer Dimension, welcher in gleicher Weise eingemauert ist.
Die Unterfeuerung hat ebenfalls weder Rost noch Schornstein.

Eine ganz eigentümliche Kesselkonstruktion zur Erwärmung
oder Warmhaltung des Wassers in Badewannen ist in dem Caldarium des Frauenbades der Stabianer-Thermen aufgefunden

worden (Fig. 22). L. Jacobi gibt von derselben genaue Zeichnung
und Beschreibung. [1])

Der horizontal liegende Kessel, aus 7—8 mm starken Bronze-
blechen vernietet, ist oben halbkreisförmig, unten über dem Feuerraum flach. Höhe im Querschnitt 0,53 m, Breite 0,76 m, bei einer
Länge von 1,76 m. Das eine Ende des Kessels ist geschlossen,
das andere offene Ende ist in die Stirnwand der 4,68 m langen,
1,96 m breiten und 0,62 m tiefen Wanne so eingeschlossen, dafs
der flache Boden des Kessels 0,17 m tiefer liegt als der Boden
der Wanne. Auf diese Weise kann das Wasser der Wanne frei
in dem Heizkessel cirkulieren.

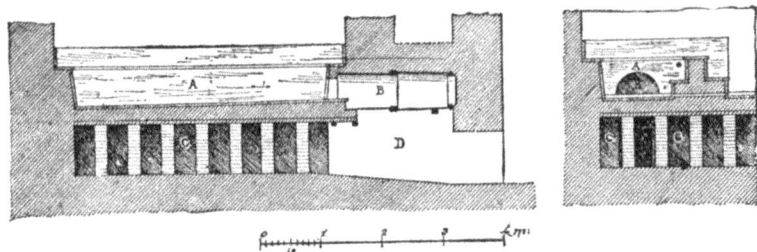

Fig. 22. Kesselansatz an der Wanne des Frauenbades der Stabianer Thermen Pompejis.

Overbeck-Mau[2]) und mit diesen auch Jacobi sind der
Meinung, dafs die unter diesem Kessel streichenden Verbrennungsprodukte weiterhin unter der steinernen Wanne durchziehen, um
sodann auch noch den hohlen Fufsboden und die hohlen Wände
und Decken des Caldariums und Tepidariums des Frauenbades zu
beheizen.

Wir haben schon früher gesehen, dafs eine solche Einrichtung
das mit weifsem Marmor ausgefütterte Bassin der Wanne hätte direkt
zerstören müssen, während es heute noch wie neu vorhanden ist.
Gegen die genannte Annahme spricht auch, ganz abgesehen von dem
später zu liefernden Beweis, dafs eine Feuerung unter den Fufsböden der Baderäume in Pompeji überhaupt nicht stattgefunden.
hat, dafs eine feste Verkuppelung der Wasserwärmung und Be-

[1]) F. v. Duhn und L. Jacobi, Der griechische Tempel in Pompeji, im
Anhang S. 33, Tafel IX.
[2]) Overbeck-Mau, Pompeji, 4, S. 230.

heizung des Raumes durch eine gemeinsame Feuerung praktisch
unzulässig gewesen sein würde, da bei so grofsen Steinmassen in
der Feuerung die Beheizung der Räume wenigstens 24 Stunden
früher hätte beginnen müssen, bevor warmes Wasser erforderlich war.

Es hätte somit das Wasser in der Wanne während dieser
ganzen Zeit, ohne irgendwelchen Nutzen zu bringen, geheizt und
verdampft werden müssen, da die Unterfeuerung den an die Wanne
angesetzten, genieteten Kupferkessel sofort unbrauchbar gemacht
haben würde, sobald er auch nur ganz kurze Zeit ohne Wasser·
füllung. geblieben wäre.

Die Beheizung dieses Kessels, der nur zum Warmhalten des
Wassers bestimmt war, geschah aber auf dieselbe Weise wie bei
den schon früher erwähnten Kesseln, ohne Rost und Schornstein,
durch Einschieben von glühenden Holzkohlen in den Feuerraum
unter dem Kessel. Dabei wurden die bereits brennenden Holzkohlen der dichtbeiliegenden Feuerung des Hauptwasserkessels,
der wahrscheinlich mit Holz gefeuert wurde, entnommen. Die nach
dem Raum unter der Wanne führenden Öffnungen des Heizraumes
dienten nicht zur Ableitung der Verbrennungsprodukte, es wurde
vielmehr die Luft aus der Unterkellerung des Fufsbodens und aus
dem Zwischenraum in den Wänden nach dem Feuerraum zur besseren
Trocknung abgesaugt und der Feuerung des Hauptkessels zugeführt.

Eine fast gleiche Einrichtung zur Erwärmung des Wassers,
jedoch nur für ein Einzelbad, welche zum Glück vollkommen erhalten geblieben ist, wurde erst vor ganz kurzer Zeit in der Nähe
von Pompeji in der Villa rustica von Boscoreale ausgegraben und von
Prof. Mau in den Mitteilungen des kaiserl. deutschen archaeologi-
schen Institutes S. 352 eingehend beschrieben (Fig. 23 und 24).

Die Erwärmung des Wassers geschieht dort in einem bleiernen,
cylindrischen aufrecht stehenden Kessel (a), dessen Aufsendurch·
messer 0,59 m und Höhe 1,95 m beträgt, der oben mit einer
Öffnung von 0,35 m Durchmesser versehen ist, welche mit einem
rohen thönernen Deckel verschlossen aufgefunden wurde.

Der teilweise mit Mauerwerk ummantelte Kessel steht aufrecht
mitten über einem ummauerten viereckigen Feuerraum (b) mit
0,6 m hoher und 0,6 m weiter Schüröffnung.

Dieser in einem besonderen Raum aufgestellte Kessel steht dicht an einer Steinwand (c), gerade gegenüber der auf der anderen Seite der Wand in dem Baderaum dicht und flach an dieselbe angerückten gemauerten, mit Marmor ausgekleideten Wanne (d) für eine Person. Diese Wanne hat in der Mitte der dem Heizkessel im Heizraum zugekehrten Langseite, nahe am Boden, eine halbcylindrische Öffnung, durch die das Wasser der Wanne mit einem halbcylinderischen bronzenen Kessel (f) kommuniziert, der in den Heizraum des an der gegenüberliegenden Wandseite stehenden Kessels hineinragt.

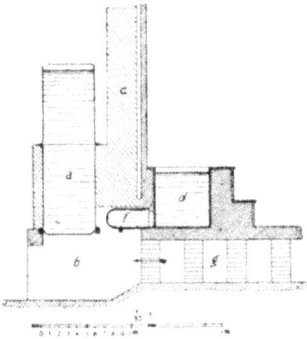

Fig. 23. Kessel des Bades in Boscoreale. Durchschnitt.

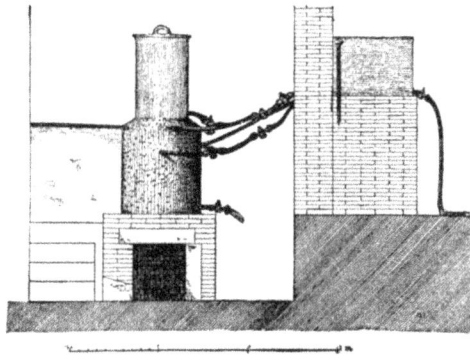

Fig. 24. Kessel des Bades in Boscoreale. Ansicht.

Mau[1]) nimmt an, dafs der Heizraum (b) sich weiter als Feuerungsraum (g) in dem Hohlraum unter der gemauerten Wanne fortsetze, und dafs auch der hohle Fufsboden und die hohlen Wände des Caldariums behufs Beheizung von den Feuergasen aus dem Feuerraum des Wasserkessels (a) durchstrichen werden.

Aus den oben bereits angegebenen Gründen, würde die Wanne zerstört und die Abhängigkeit der Beheizung des Baderaumes (Caldarium) von der gleichzeitig gebotenen Erhitzung des Wassers äufserst unpraktisch gewesen sein, weshalb die Annahme Mau's nicht zulässig erscheint. Später werden wir sehen, dafs eine derartige Heizung überhaupt nicht funktionieren könnte. Die vorliegende Feuerungseinrichtung ist auch ohne diese vermeintlichen Feuer-

---

[1]) Mau, Römische Mitteilungen, Bd. IX, S. 352.

züge unter Wanne, Boden und Wand, nach Analogie der in
den Gewerben in Pompeji gebräuchlichen Kesselfeuerungen ohne
Schornstein und Rost eine vollständige.

Die grofse nicht verschliefsbare Schüröffnung weist direkt
darauf hin, dafs der Abzug der Verbrennungsprodukte der Holzkohlenfeuerung durch die Schüröffnung stattgefunden hat. Die
zwischen dem Hohlraum unter der gemauerten Wanne und dem
Feuerraum vorhandene Kanalverbindung kann auch hier nur die
Bedeutung haben, dafs durch dieselbe Luft aus diesem Hohlraum
nach dem Feuerraum angesaugt worden ist, wie es ja heute noch
oft geschieht, dafs der Zwischenraum unter trocken zu legenden
Fufsböden mit einem Schornsteinauszug verbunden wird.

Von den grofsen Hauptkesseln zur Erwärmung des Wassers
ist in Pompeji als auch anderwärts keiner erhalten, jedoch ist es
möglich, deren Gröfse und Konstruktion aus den stehengebliebenen
Resten der Ummauerung ziemlich genau zu ermitteln.

In Pompeji waren sowohl in den Bädern des Forums als auch
in den stabianischen Bädern immer drei Wasserkessel nebeneinander
gestellt, von denen, wie bei Vitruv angegeben, der eine für kaltes
Wasser, der andere für lauwarmes Wasser und der dritte für heifses
Wasser bestimmt war. An anderen Stellen, so auch in den
Thermen bei St. Barbara in Trier[1]), scheint nur ein Heifswasserkessel vorhanden gewesen zu sein. Diese runden, wahrscheinlich
aufsen cylindrischen aufrechtstehenden Heifswasserkessel standen
mit ihrem flachem Boden, welcher durch ziemlich massive eiserne
Querstangen[2]) unterstützt wurde, direkt über dem gleichfalls
cylindrisch aufgemauerten, im Innern mit feuerfesten Basaltsteinen
ausgekleideten Feuerraum. — Die seitliche, mit dem horizontalen
ebenen Boden des Feuerraumes in gleicher Höhe liegende Schüröffnung 0,6 m weit, 0,75 m hoch, wird durch drei grofse Basaltblöcke gebildet. Zwei dieser Blöcke bilden die Seitenwände, der

---

[1]) F. Hettner, Zu den römischen Altertümern von Trier und Umgegend,
S. 53 ff.

[2]) Die Reste solcher Querstangen sind noch in dem Mauerwerk der Kessel-
mauerung des Heifswasserkessels in den stabianischen Bädern in Pompeji an
ihrem Platze vorhanden.

dritte, oben quer gelegte Block die Decke der Schüröffnung. Diese
Schüröffnungen sind in den beiden Bädern in Pompeji noch unversehrt, in den Bädern bei St. Barbara in Trier lassen die an der
betreffenden Stelle vorhandenen Basaltblöcke auf ganz analoge
Konstruktion schliefsen. Der Innendurchmesser des Feuerraumes
und somit auch der wahrscheinliche Aufsendurchmesser der Heifswasserkessel, in den beiden Bädern in Pompeji ist 2 m, in Trier
wahrscheinlich 2 ¹/₂ m. Die Weite der Mauerung ist für die lauwarmen Kessel in Pompeji 1,2 m und für den Kaltwasserkessel 0,9 m.

Aus dem Feuerraum der Wasserkessel in den beiden pompejianischen Bädern führt je eine Nische unter den nebenanliegenden
Kessel für lauwarmes Wasser, aufserdem führt in den Forumsthermen ein Kanal, dessen Boden mit dem Boden des Feuerraumes
in gleicher Höhe ist durch die Zwischenwand nach dem Hohlraum
unter den Boden des Männercaldariums *E*, ein anderer Kanal aus
dem Feuerraum unter dem Pflaster des Hofes hindurch nach dem
Hohlraum unter den Boden des Frauencaldariums *F*.

In den Stabianer-Thermen ist gleichfalls eine direkte Verbindung des Feuerraumes durch einen Kanal mit dem Hohlraum
des Männercaldariums (VIII) vorhanden, eine zweite kanalartige
Verbindung führt nach dem schon vorstehend behandelten Feuerraum unter dem halbrunden Wärmekessel der Wanne in dem
Frauencaldarium. Die wirkliche Bedeutung dieser Kanäle bleibt
späterer Erörterung und Beweisführung vorbehalten (S. 94), doch
ist schon hier zu erklären, um die Konstruktion des Kesselheizung
klarstellen zu können, dafs dieselben im Gegensatz zu den in
sämtlichen Publikationen ausgesprochenen Meinungen nicht als
Feuerzüge gedient haben können. —

An der Mauerung der Heifswasserkessel in den beiden Bädern
in Pompeji ist eine steinerne Treppe von sechs Stufen von je
30 cm Höhe angebracht, welche zu einer kleinen Plattform an dem
Kessel führt. Wenn nun nach Analogie mit dem Kessel in der Villa
rustica von Boscoreale (Fig. 23) der obere Kesselrand als 1 m über
diese Plattform hervorragend angenommen wird, und die Höhe des
Feuerraumes gleichfalls zu 1 m, so ergibt sich eine Gesamthöhe des
cylindrischen Heifswasserkessels von 1,8 m bei 2 m Durchmesser.

Die Feuergase der Heifswasserkessel werden ohne Zweifel auch nach der Erbauung der hohlen Wände und der Unterkellerung der Baderäume in derselben Weise wie früher, d. h. direkt nach oben abgeführt worden sein. Ob diese Abführung durch einen einzigen seitlichen Kanal oder vielleicht durch eine Anzahl um den Kessel in seiner Ummantelung ausgesparten Kanäle geschehen ist, ist aus den vorhandenen Resten nicht zu bestimmen möglich..

Der Inhalt eines solchen Kessels beträgt

$$3,14 \times 1,8 = 5,6 \text{ cbm}.$$

Die Heizfläche ist gleich der Bodenfläche $= 3$ qm.

Der Wasserinhalt der Wannen in den pompejianischen Thermen kann durchschnittlich zu 4 cbm angenommen werden. In der Füllung der Wannen sind somit für die drei Wannen der Stabianer-Thermen 12 cbm, für die zwei Wannen der Forumsthermen 8 cbm Wasser erforderlich. Das kalte Badewasser hatte wahrscheinlich im Winter in Pompeji eine Temperatur von gegen 10^0 und die erforderliche Wannentemperatur kann wohl zu 35^0 angenommen werden, wozu wegen Abkühlung in Zuleitung und in der kalten Wanne noch 5^0 zuzulegen sein werden, somit war das Badewasser von dem Heifswasserkessel um rund 30^0 zu erwärmen.

Um 12 cbm $= 12000$ kg Wasser um 30^0 zu erwärmen sind 30×12000 kg $= 360000$ WE. kg C. erforderlich.

Ein Quadratmeter Heizfläche, wie hier direkt über dem Feuer liegend, kann höchstens 20000 WE. stündlich übertragen, was bei 3 qm Heizfläche einer stündlichen Leistung von $3,00 \times 20000 = 60000$ WE. entspricht. Somit würde die Erwärmung des Badewassers für die drei Wannen der Stabianer-Thermen wenigstens $\frac{360000}{60000} = 6$ Stunden erfordern, in den Forumsthermen für nur zwei Wannen entsprechend weniger, das ist vier Stunden.

Der Wärmeverbrauch für die beiden Labrums ist als zu unbestimmt und geringfügig bei dieser Annäherungsrechnung aufser acht gelassen.

Obige Zahlen erweisen, dafs auch bei ausschliefslicher Benutzung der Feuerung des Heifswasserkessels nur für die Wasser-

erwärmung, die Heizung unverhältnismäfsig lange Zeit zur An-
wärmung des Wassers brauchte, so dafs bei starkem Andrang des
Publikums, wenn ein schneller Wechsel des Wassers gewünscht
wurde, die Anwendung aufsergewöhnlicher Mittel, um den Effekt
der Heizung zu erhöhen, angezeigt war, wodurch sich die wahrscheinlich nur ausnahmsweise Verwendung von Pech[1]) zur Anfachung der Feuerung, wie solches bei der Kesselfeuerung der
Forumsthermen vorgefunden worden ist, erklärt.

Wir haben die Heizfläche zur Erwärmung des Wassers in den
Bädern in Pompeji annähernd zu 3 qm festgestellt. In dem neuen
Stuttgarter Schwimmbad[2]) sind 260 qm Heizfläche vorhanden, was
selbst dann, wenn in Betracht gezogen wird, dafs dort ein Teil der
Heizfläche in Reserve bleibt und ein anderer Teil zur Beheizung
und Maschinenbetrieb verwandt wird, immer noch die im Verhältnis aufsergewöhnlich geringe Gröfse der Heizfläche der pompejianischen Kessel in die Augen springen lässt.

Kapitel 6.

Hypokausten-Luftheizung.

Wenn auch nicht in der allgemein angenommenen Häufigkeit
und vor allem nicht in den pompejianischen Bädern, wie ich später
nachweisen werde, gibt es doch noch erhaltene sogenannte Hypo-
kaustenheizungseinrichtungen der Römer, auf welche die von
V i t r u v gegebene Beschreibung derartiger Heizungen pafst.

Das vielleicht typischste und am besten erhaltene Beispiel einer
solchen Hypokaustenheizung ist in der bürgerlichen Niederlassung
des Römerkastells Saalburg vorhanden und von J a c o b i (Das
Römerkastell Saalburg), S. 250, beschrieben und abgebildet worden,
welcher Beschreibung auch ich im allgemeinen hier folge.

Von dem Bau (Fig. 25) 1,5 m abgerückt, liegt der 1,30 m auf
1,40 m grofse und 0,8 m tief in den Boden versenkte Vorraum
(praefurnium) *A*, zu welchem zwei 27 cm hohe Stufen hinabführen.

---

[1]) O v e r b e c k - M a u, Pompeji, S. 212.
[2]) Leo V e t t e r, Moderne Bäder, S. 100.

Gegenüber öffnet sich das Feuerloch *abc* 36 cm hoch und 18 bis
20 cm breit, es ist aus drei schmiedeisernen Blöcken und einer
Basaltfußplatte zusammengesetzt. Nach diesem Feuerloch folgen

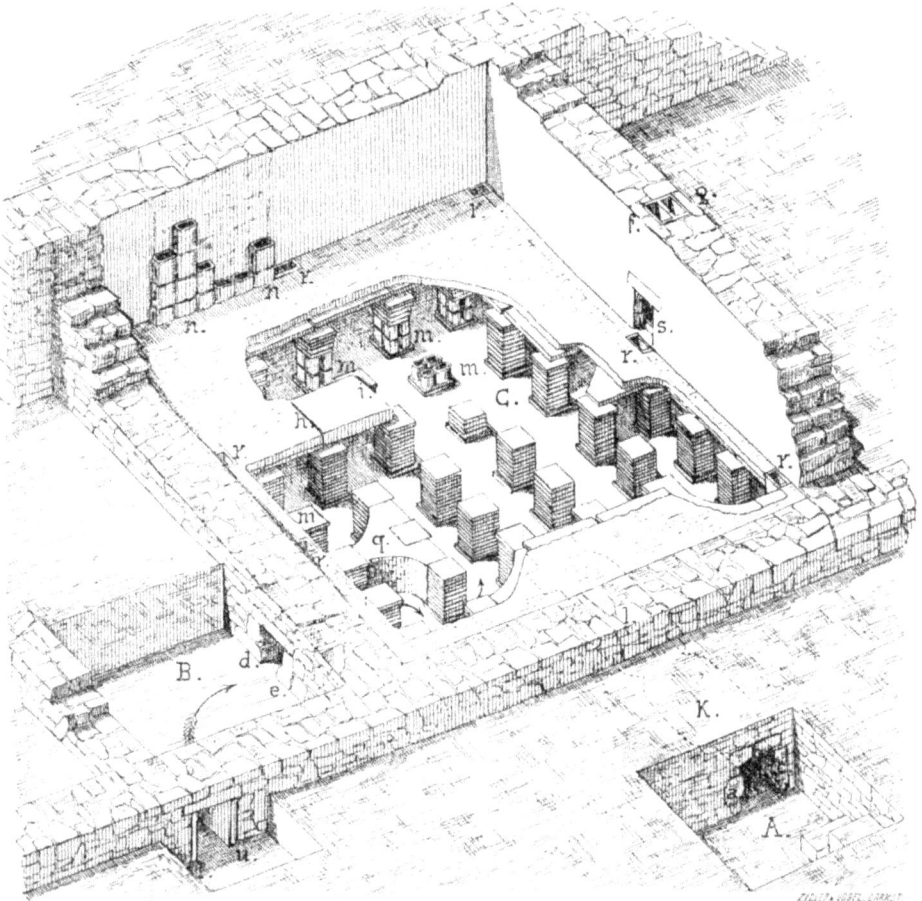

Fig. 25. Hypokaustenluftheizung. Römerkastell Saalburg.

zwei elliptisch ausgebauchte backofenförmige Erweiterungen (in Fig. 26
punktiert dargestellt und mit *K J* bezeichnet), deren eine noch
außerhalb des Gebäudes liegt und mit großen Basaltsteinen und
mit Erde überdeckt ist. In diesem Raume, den der Handwerker
auch »Wolf« nennt, waren die Holzkohlen aufgeschüttet und ent-
zündet. Man erkennt aus dieser Vorrichtung das Bemühen der

Römer, die strahlende Glut der Kohlen von den Ziegelpfeilern, die dadurch gelitten hätten, entfernt zu halten und nur die heifsen Gase sich zwischen ihnen verbreiten zu lassen. Das eigentliche Hypokaustum besteht aus sechsmal acht Pfeilern, wobei einige Untermauerungen nicht eingerechnet sind. Die Pfeiler haben eine durchschnittliche Höhe von 74 cm und bestehen aufser einer quadratischen, 30 cm grofsen und 5 cm dicken Fufsplatte und einer gleichen Kopfplatte aus 12 Ziegeln von 20×26 cm Seitenlänge und 5 cm Dicke, doch sind auch einzelne derselben aus kleineren Ziegeln, wie aus Ziegelbruchstücken zusammengesetzt. Die merkwürdigsten Pfeiler sind aber die, welche am nördlichen Ende (mit m bezeichnet) in einer Gruppe von neun Stück stehen, sie wurden scheinbar als Ersatz für regelrechte Ziegelpfeiler, aus aufrechtstehenden Thonröhren zusammengestellt. Von Pfeiler zu Pfeiler, die etwa 25—35 cm auseinander stehen, liegen 50—60 cm grofse und 5 cm dicke Ziegelplatten. Auf denselben liegt der 15 cm starke Estrich, welcher den ganzen Boden überzieht nur bei $h\,i$ ist ein 50×50 cm grofses Einsteigloch, in welchem eine ebenso grofse Sandsteinplatte lag. Diese Einsteigeöffnung hatte sicherlich nur den Zweck, Reinigungen, vielleicht auch Reparaturen bequemer vornehmen zu können.

Rings um den Heizraum zieht sich ein Kanal, der wegen des Vorsprunges am Mauersockel einen anderen Querschnitt hat als die Zwischenräume der Pfeiler. Aus ihm steigen sieben mit Ziegeln umkleidete Röhren (r) auf, von denen fünf einen Querschnitt von 14×14 cm und die zwei in den hinteren Ecken einen solchen von 14×24 cm haben. Diese Kacheln standen nur wenig über der Estrichoberfläche hervor, und die heifsen Gase konnten durch deren Öffnungen unmittelbar in den Wohnraum ausströmen. Der in die Wand eingebaute Kamin (f—g) ist durch eine Zunge in zwei Abteilungen getrennt und noch 1 m hoch in der Mauer erhalten; er scheint durch diese bis nach dem Dache oder über dasselbe hinausgeführt gewesen zu sein. Als Rauchabzug kann dieser Kamin kaum gedient haben; dazu waren die vor der hinteren Wand nebeneinander aufgesetzten sechs Kacheln (n) bestimmt, die auch folgerichtig der Einfeuerung gegenüberstehen. Der besagte

aufsteigende gekuppelte Kamin aber, der direkt über dem Boden
eine Öffnung hat, kann nur den Zweck gehabt haben, den Raum
zu ventilieren.

Eine andere Einrichtung, die mit Ziegelplatten verkleidete
Öffnung U, gibt uns bei diesem Hypokausten einen Anhalt dafür,
dafs die römischen Heizungen auch Ventilation hatten.

Die kalte äufsere Luft trat durch u in den Vorraum B und
erst aus diesem durch die Öffnung $d\ e$ seitlich in das Hypokaustum
ein.   Durch eine zungenartige Einmauerung bei a wurde die eintretende Aufsenluft genötigt, sich mit den durch den Kanal $K\,C$
eintretenden Heizgasen zu mischen oder, wenn das Feuer abge-
brannt war, den ganzen Raum des Hypokaustums durchstreichend
vorgewärmt in das Zimmer einzuströmen.

Sowohl das Schürloch als die Luftöffnung u konnte durch
vorgestellte Ziegel oder Steinplatten zwecks Regulierung teilweise
oder ganz verschlossen werden.

Die Heizung wurde ohne Frage mit Holzkohlen beschickt.

Während die Feuerung in Gang war, wurden die sieben
Öffnungen (r) durch aufgelegte Platten verdeckt und die Zuströmung
der Aufsenluft bei u so reguliert, um die Beschädigung der
Pfeiler und der Decke des Hypokaustums durch die
Stichflammen vom Herd aus zu vermeiden. — Die Heizgase zogen durch das Röhrenbündel n, welches den Schornstein
bildet, über Dach.   Es ist eine Eigentümlichkeit der römischen
Schornsteinanlagen, dafs mit Absicht gröfsere Lichtweiten vermieden
werden, so dafs selbst da, wo ein weiter Schornstein vorhanden
war, wie bei dem Backofen im Hause des Sallust in Pompeji, das
Innere des Schornsteines durch eingesetzte drei runde Thonröhren
abgeteilt ist, wie Fig. 26 zeigt.

Die von der Feuerung gelieferte Wärme wurde in erster Linie
durch die Ziegelpfeiler und die Umgrenzungswände des Hypokaustums aufgenommen.   Die Schornsteinröhren erreichten die
Heizgase für gewöhnlich schon stark abgekühlt, so dafs die Erwärmung des Raumes durch die Schornsteinwände eine wenig ausgiebige war.   Noch weniger wirkte diese Heizung durch die Wärme-

abgabe der Bodenfläche des Raumes. Es würde lange gedauert
haben bis der 0,20 m starke Estrichboden bis zu seiner Oberfläche
durch die vorhandene relativ kleine Feuerstelle durchwärmt worden
wäre. Es war dies auch nicht beabsichtigt. Die Wärmezufuhr
nach dem Raum fand vielmehr, nachdem
das Hypokaustum durchheizt, das Holzkohlenfeuer erloschen, und die sechs Schornsteinröhren durch Auflegen von Thonplatten geschlossen waren, durch Öffnen einiger oder
sämtlicher sieben Heifsluftkanäle und des
Auszugsschornsteines *f g* statt, aus welchen
dann die von den erhitzten Innenwänden des
Hypokaustums erwärmte, durch Schürloch
und durch die Öffnung *u* einströmende
Aufsenluft in den Raum eintrat. Diese

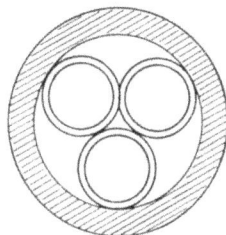

Fig. 26.
Querschnitt des Schornsteines
am Backofen im Hause des
Salust in Pompeji.

Heizmethode, bei welcher dieselben Flächen, welche die Wärme von
den Verbrennungsgasen empfangen, diese später wieder an die
Heizluft abgeben, war auch nur bei Holzkohlenfeuerung ohne grofse
Übelstände möglich, gestattete aber eine aufserordentlich bequeme
Bedienung und leichte Regulierung. Sie ist äufserst primitiv zu
nennen, doch ermöglichte dieselbe eine ausgiebige Ventilation der
Räume. Mit unseren Kaloriferen hat diese Heizmethode jedoch
nichts gemein. Bei den modernen Kaloriferen sind die Wärme auf-
nehmenden Flächen von den Wärme abgebenden Heizflächen streng
getrennt. Dagegen ist bei der alten Anordnung eine direkte Beheizung des Raumes durch den Bodenestrich und die Schornsteinwände hindurch, wie vielseitig angenommen, nicht gut denkbar.
Ganz in diesem Sinne sagt Jacobi[1]), dem ich hierin vollkommen
beipflichte:

»Wenn man die Konstruktion und die Dicke des Estrichs
betrachtet, so spricht sich darin die Absicht aus, demselben möglichst geringe Leitungsfähigkeit für die Wärme zu geben und
ihn als dauernden Wärmebehälter herzustellen. Nicht nur, dafs
er eine Dicke von 15, 20, 30 ja selbst 50 cm hat, ist er auch
öfters durch hohle Einlagen zu einem schlechten Wärmeleiter

---

[1]) Jacobi, D. Römerkastell Saalburg, S. 240; S. 254.

4 *

gemacht worden. In einem in Baden-Baden aufgedeckten Hypokaustum fanden sich in dem Estrich cylindrische Hohlziegel eingebaut, die entsprechende Hohlräume bildeten. Ähnliches ist
auch in Grofs-Pöchlar nachgewiesen worden.«

Eine derartige Hypokaustenheizung ist auch lediglich bei ein-
stöckigen Gebäuden und immer nur für je einen Raum ausführbar,
und wenn der ganze unterkellerte Boden als Wärmereservoir dienen
soll, auch nur für Räume von beschränkter Gröfse, wie bei vor-
liegendem Beispiel, wo der Raum nur 3,4 m breit und 5 m lang ist.
Auf gleichem Grundprinzip beruhende Heizeinrichtungen waren im
Mittelalter im Gebrauch. In dem Ordensschlofs zu Marienburg[1])
wurden rohe Feldsteine durch ein Holzfeuer sehr stark erwärmt,
dann nach Erlöschen der Flamme die Zugänge zum Rauchrohre
geschlossen, während andere Kanäle, welche nach den zu erwärmenden Räumen führten und im Fufsboden ausmündeten, geöffnet
wurden. Durch den Haufen erhitzter Steine strich alsdann ein
frischer Luftstrom, welcher sich an den Steinen erwärmte und seine
Wärme dem Zimmer mitteilte. Ja selbst heute noch befinden sich
derartige Heizungen in Betrieb; die auf S. 19 angeführte Heizung
von russischen Stuben beruht auf dem gleichen Prinzip.

Die mittelalterlichen und heutigen derartigen Heizungen unter-
scheiden sich aber wesentlich dadurch von den vorbeschriebenen
altrömischen Einrichtungen, dafs bei ersteren die Heizoberflächen
der zu erwärmenden Steinmassen im Verhältnis zur Gröfse des
Feuerraumes viel geringer sind. Hierdurch wird erzielt, dafs die
Feuergase den Schornstein mit verhältnismäfsig hoher Temperatur
erreichen und verhütet, dafs sich bei Holzfeuerung Glanzrufs schon
an den Flächen im Ofen absetzt, welche später die in das Zimmer
eintretende Luft erwärmen sollen, was bei der Dimensionierung der
römischen Luftheizeinrichtungen sicher der Fall sein würde. Die
römischen Hypokaustluftheizungen konnten deshalb nur mit Holzkohle beheizt werden.[2])

---

[1]) A r e n d t s , Die Centralheizungen, S. 15. — J a c o b i , Römerkastell
Saalburg, S. 249. — Zeitschr. für Bauwesen 1870, die mittelalterlichen Heizvorrichtungen im Ordenshaus Marienburg.

[2]) J a c o b i , Römerkastell Saalburg, S. 248.

Hypokaustenheizungen, wie auf Fig. 20 dargestellt, sind nur sehr wenige vorhanden, dieselben dienten jedenfalls besonderen ausnahmsweisen Zwecken, für Räume, welche der Bedienung aus irgend welchem Grunde nicht zugänglich sein sollten oder auch zur Aufnahme feuergefährlicher oder vor Feuer besonders zu hütender Gegenstände bestimmt waren.

Diese Feuerungsmethode, obgleich mit den Angaben Vitruvs über Hypokaustenheizung übereinstimmend, hat nichts gemein mit der allgemein verbreiteten irrigen Vorstellung über die Wirkung von Hypokaustenheizungen, bei welchen angenommen wird, daſs der zu heizende Raum nur durch die ihm zugekehrten erhitzten Boden- und Wandflächen erwärmt werde, — die auf Fig. 25 dargestellte Hypokaustenheizung könnte als eine Massenofenluftheizung bezeichnet werden. Diese Heizungsart besitzt eine Reihe typischer Einrichtungen, welche für die richtige Wirkungsweise einer derartigen Heizung erforderlich und eigentümlich sind, insbesondere

1. die Feuerung ist nach auſsen verlegt, um die Zerstörung der Ziegelpfeiler und des Fuſsbodens durch die intensiv strahlende Wärme im Feuerraum zu vermeiden,
   aus gleichem Grunde ist

2. ein besonderer Zuleitungskanal von kalter Luft an der Eintrittsstelle der Flamme, unter den Boden mündend, angebracht, um die Wirkung der Stichflamme abzuschwächen.

3. Das Hypokaustum ist durch eine Reinigungsöffnung zugänglich gemacht, eine Einrichtung, welche für solche Anlage absolut erforderlich ist, um die Asche von Zeit zu Zeit entfernen zu können und um Reparaturen vorzunehmen.

4. Es ist ein richtig gelegener, in seiner Dimension entsprechender, durch ein Röhrenbündel gebildeter Schornstein vorhanden, ein Bestandteil einer Heizung, ohne welchen dieselbe nicht funktionieren kann.

5. Es ist eine direkte Verbindung des Hypokausthohlraumes mit dem beheizten Zimmer durch Kanäle vorhanden.

6. Das Zimmer hat einen besonderen schornsteinartigen Abluftkanal.

7. Hohle beheizte Wände sind nicht vorhanden.

8. Als Brennmaterial konnte nur Holzkohle dienen.[1]

Kapitel 7.

Kanalheizung.

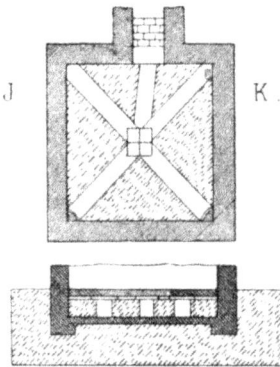

Fig. 27. Grundrifs und Schnitt einer Kanalheizung.
Römerkastell Saalburg.

Aufser vorstehend beschriebenen Hypokaustenheizungen finden sich auch noch Kanalheizungen, welche hauptsächlich in den Kastellen der Grenzwälle zur Anwendung gekommen zu sein scheinen. Die Feuerung lag entweder ganz aufserhalb des beheizten Raumes oder wurde doch von aufserhalb bethätigt. Von dem Heizraum führt ein Hauptkanal unter dem Boden gewöhnlich direkt nach der Mitte des Raumes und verzweigt sich von da nach den vier Ecken, in welchen Schornsteine nach oben führen. Jacobi nennt diese Art Heizungen Kreuzheizungen[2] (Fig. 27).

Die Heizkanäle sind nur mit Ziegelplatten und dünnem Estrich bedeckt, auch die mit der inneren Wandfläche in gleicher Flucht stehenden Schornsteinröhren haben nur einen dünnen Verputz. Das normale gleichzeitige Funktionieren von vier und mehr an verschiedenen Stellen angebrachten Schornsteinen ist bei Beginn der Heizung, so lange die Schornsteinwände noch kalt sind, kaum anzunehmen. Es würden immer einer oder einige Schornsteine rückwärts wirken. Es ist deshalb wahrscheinlich, dafs von den anfänglich über Dach durch Ziegelplatten geschlossenen Schornsteinen der Reihe nach immer nur einer in Gang gesetzt wurde, wodurch es auch möglich war, eine

---

[1] Jacobi, Römerkastell d. Saalburg, S. 248.

[2] Jacobi, Römerkastell Saalburg, S. 258.

gleichmäfsigere Verteilung der Wärme im Raume zu erzielen. Die
Wärme wird bei den jetzt noch in Gewächshäusern sich vorfinden-
den Kanalheizungen durch die Wände der Heizkanäle dem zu
heizenden Raum zugeführt. Bei der römischen Einrichtung aber
war nur die Decke des Kanales Heizfläche, die in den Boden- und
Seitenflächen der Heizkanäle eindringende Wärme war gröfstenteils
verloren. Die Regulierfähigkeit dieser Heizung war eine sehr beschränkte.

Im allgemeinen sind diese auch in dem Kastell bei Eining
mehrfach vorkommenden, in Pompeji jedoch unbekannten Kanalheizungen weniger solid und sorgfältig ausgeführt als die Hypokaustenheizungen. Es könnte dies vielleicht dadurch erklärt werden,
dafs diese Bauten für eine voraussichtlich nur kurze Dauer der
Besetzung der wiedereingenommenen Kastelle als Provisorium zur
Ausführung kamen. In diesen Heizungen konnte auch mit Holz
geheizt werden, was für ein Provisorium wichtig war, da die Herstellung von Meilerkohlen immerhin eine gewisse Sefshaftigkeit vor-
aussetzt, und ist deshalb die Vermutung wohl berechtigt, dafs die
Kanalheizungen nur so lange gebraucht und in stand gehalten
wurden, bis die regelmäfsige Lieferung von Holzkohlen gesichert
war, in welchem Falle dann die Römer zu der gewohnten heimat-
lichen Heizung mit Kohlenbecken zurückkehrten, denn im alten
Rom gab es, wie allgemein anerkannt ist, für Privathäuser nur
Kohlenbeckenfeuerungen, und selbst in den Bädern war diese Heizmethode, wie ich nachweisen werde, die allein gebräuchliche.

Auch bei Kanalheizungen kann eine Feuerung immer nur
einen Raum bedienen, und die Gröfse dieses Raumes ist wie bei
den Hypokaustenheizungen eine beschränkte.

In der Saalburg sind auch Bodenheizungseinrichtungen gefunden worden, welche als eine Vereinigung von Hypokaustenluftheizung und Kanalheizung erscheinen, welche J a c o b i (Römerkastell Saalburg S. 257) wie folgt beschreibt und die auf Fig. 28
und 29 abgebildet sind:

»In der Mitte des heizbaren Zimmers liegt ein 2 m im
Quadrat grofser und 70 cm tiefer Raum (Pfeilerhypokaustum),
in welchen der Feuerzug M mündet und von dem sieben Heiz-

kanäle *n o p q r s t* strahlenförmig ausgehen. Die fünf vorwärts laufenden Züge enden jeder in einer in die Mauer eingelassenen Heizröhre, *e f g h i*, während die beiden rückläufigen in den Ecken rechts und links mit senkrecht stehenden Heizkacheln (*K, l*) verbunden sind, welche vor die Mauern hervorragen und mit dem Fußboden aufhören. Die fünf Röhren waren zweifellos in den Wänden nach oben fortgesetzt und führten den Rauch ab; sie dienten aber zugleich auch zur Heizung des Zimmers, das sie vermöge

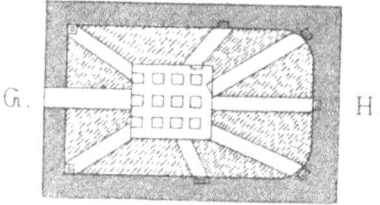

Fig. 28. Grundriſs einer kombinierten Hypokausten- und Kanalheizung. Römerkastell Saalburg.

ihrer dünnen Wandungen rasch erwärmten. Die Einfeuerung geschah durch das Schürloch *S*, das mit Basalt eingefaſst ist. Die Bodenkanäle sind nur mit Ziegelplatten und dünnem Estrich

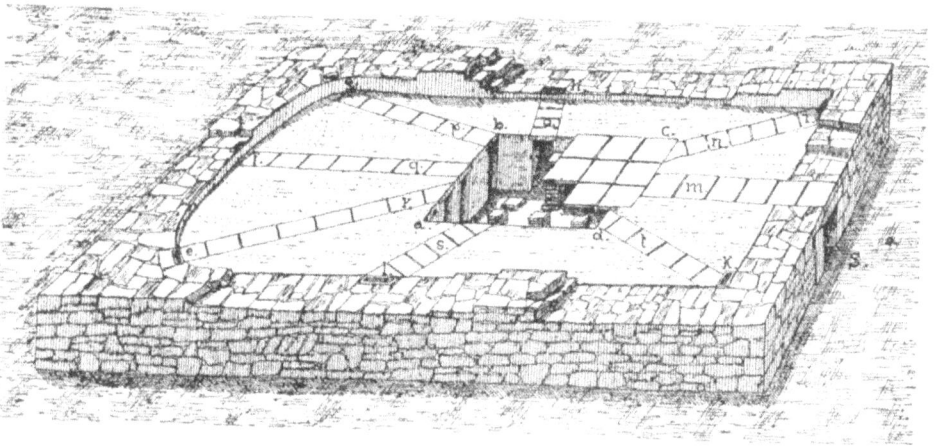

Fig. 29. Ansicht einer kombinierten Hypokausten- und Kanalheizung. Römerkastell Saalburg.

bedeckt. Nachdem das Feuer erloschen war, konnten die beiden nach dem Zimmer hin sich öffnenden und mit Schiebern verschlossenen Kacheln *K l* in Thätigkeit treten und die im Pfeilerhypokaustum *a b c d* und in den Bodenkanälen angesammelte Wärme direkt nach dem Gemache führen.‹

Diese kombinierte Heizung ist gegenüber der reinen Boden-
kanalheizung insofern im Vorteil, als die dem Boden und den Seitenwänden der Heizkanäle zugeführte Wärme durch Luftcirkulation
für die Beheizung des Gemaches wieder nutzbar gemacht werden
konnte, was bei reiner Kanalheizung nach römischer Art nicht der
Fall ist.

Beide Einrichtungen aber haben den erheblichen Nachteil,
daſs die Oberflächentemperatur der Bodenplatten über den Heizkanälen, besonders in der Nähe des Feuerraumes, eine so hohe
war, daſs diese Stellen in Wohnräumen nicht direkt benutzbar
waren. Auch muſsten diese Deckplatten häufigen Reparaturen unter-
worfen sein. Es ist deshalb kaum anzunehmen, daſs solche Heizungs-
einrichtungen für bessere Wohnräume im Gebrauch waren.

Besonders ist noch darauf aufmerksam zu machen, daſs nicht
alle unter dem Boden vorgefundenen Kanäle oder aufgemauerten
Pfeilerchen Teile einer Heizanlage und nicht jede durch die Grund-
mauer führende Öffnung ein Heizloch (Präfurnium) vorstellen —
Jacobi[1]) sagt über ein in der Retentura des Kastells der Saalburg
gefundenes Gebäude, in welchem der Fuſsboden auf mit Quarzit-
steinen aufgemauerten, ringsum freiliegenden Pfeilern gelagert ist
und der Raum unter dem Boden durch eine Öffnung in der Mauer
mit der Aufsenluft in Verbindung steht, daſs diese Einrichtung
nicht eine Heizvorrichtung, sondern zur Trockenlegung des betreffenden Raumes bestimmt war, und eine Unterkellerung ersetzt,
ein Verfahren, wie es auch heute zur Herstellung gesunder, nicht
unterkellerter Wohnräume, Krankenbaracken etc. vielfach angewandt
wird. Er berichtet weiter[2]), daſs im Homburger Mineralquellengebiet, östlich von dem Elisabeth-Brunnen, eine römische Villa aufgegraben worden ist, deren Fuſsboden ähnlich aber in vorzüglicher
Weise mit Pfeilerchen aus je drei 20 cm im Quadrat grofsen Ziegelplatten hergestellt ist, die auf Estrich ruhen und mit einem solchen
überdeckt sind. Diese Einrichtung fand sich in tadellosem Zu-
stande und hatte lediglich den Zweck, die Räume der Villa trocken
und gesund zu erhalten.

[1]) Jacobi, Das Römerkastell Saalburg, S. 258 und S. 96.
[2]) Jacobi, Das Römerkastell Saalburg, S. 259.

In diesem Falle ist demnach fraglos eine genau den sogenannten Hypokausten entsprechende Einrichtung nur als Unterkellerung und nicht zu Heizzwecken benutzt worden.

Es kann somit das Vorhandensein von durch Pfeilerchen
unterstützten Böden nicht schon als Beweis für das Vorhandensein
einer Heizvorrichtung dienen. Es sind außerdem noch wenigstens
ein wirklicher, mit feuerfestem Material ausgekleideter Feuerraum
und ein Schornstein als vorhanden nachzuweisen, ehe mit Sicherheit auf das Vorhandensein einer Heizvorrichtung geschlossen
werden kann.

Ein gemeinsames Merkmal aller Hypokausten und Kanalheizungen ist, daß mit diesen Heizvorrichtungen immer nur ganz
beschränkte Räume beheizt worden sind und beheizt werden können.
Eine spätere Untersuchung liefert den Beweis für diese Behauptung.
Für Kanalheizungen gilt im allgemeinen die Regel, daß die horizontalen Heizkanäle vom Feuerraum bis zum Schornstein nicht
länger sein sollen als der Schornstein hoch ist.

Kapitel 8.

Beschreibung der Bäder Pompejis.

Nur in Pompeji finden sich in den Bädern Baureste so vollständig erhalten, daß es möglich ist, die Wirkungsweise sogenannter
Hypokaustenheizungen, bei welchen die Erwärmung des Raumes
ausschließlich durch die warmen Oberflächen des Fußbodens und
der Wände bewirkt worden sein soll, klarzustellen. An anderen
Stellen ist dies, weil die Baureste zu weit zerstört sind, nicht möglich und ist deshalb der Phantasie der diese Baureste behandelnden
Schriftsteller ein großer Spielraum gegeben, welcher zuweilen in
nicht gerechtfertigter Weise ausgenutzt worden ist.

Es wird somit erforderlich sein, die in Pompeji in den Stabianer-
und Forumsthermen vorhandenen Einrichtungen, welche allein hier
in Frage kommen können, und vor allem diejenigen, welche mit der
vermeintlichen Hypokaustenheizung in Verbindung gebracht worden
sind, näher ins Auge zu fassen.

Fig. 30 zeigt nach Overbeck-Mau den Grundrifs der Stabianer Thermen mit der Benennung der einzelnen Räume.

Fig. 31 den Grundrifs der Forumsthermen.

Bezüglich der Zeit der Herstellung dieser Bäder, deren Ausschmückung und sonstigen Details verweise ich auf Overbeck-
Mau S. 200—233.

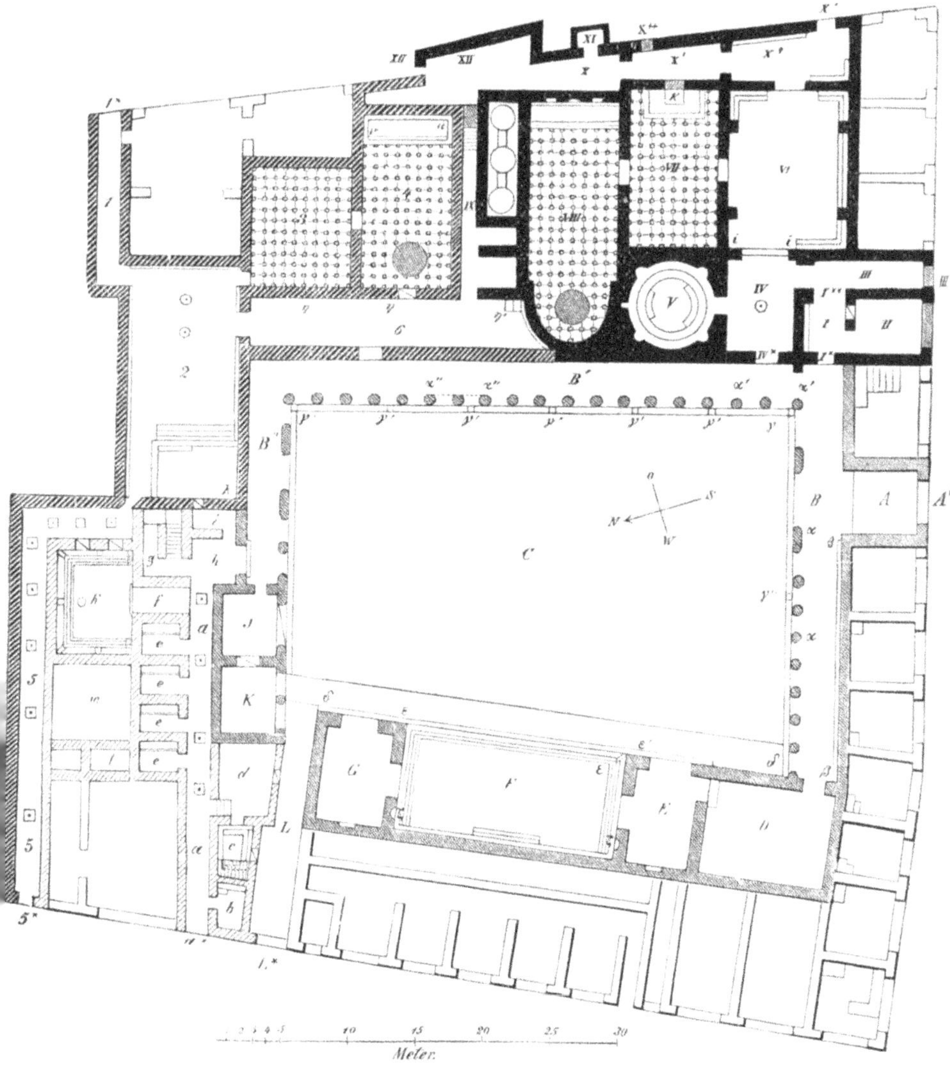

Fig. 30. Grundplan der Stabianer Thermen. Pompeji.

Erklärungen zu Fig. 30, Stabianer Thermen.

Männerabteilung
(Mauern der Haupträumlichkeiten schwarz).

A Eingang.
B bedeckter Umgang der Säulenhalle mit
β—β Steinbank für Zuschauer.
C freier unbedeckter Hof. — Palaestra.
a¹ Sonnenuhr.
L u. *L°* Eingang.
X Eingang.
F grofses, offenes unbedecktes Bade- und Schwimmbassin, 1,5 m tief.
E flaches Nebenbassin.
G flaches Nebenbassin.
D Auskleideraum und Salbraum (Destrictarium).
J } nach der Palaestra zu offene
K } Räume.
X°°
III u. *III°* } vermauerte ehemalige Eingänge.
I° u. *I°°* } Eingänge aus der Palästra zum
IV° } Männerbad.
I Vorraum für wartende Diener.
X° Eingang von der Stabianer Strafse.
IV Vorzimmer — überwölbt — reich bemalt.
V kaltes Bad — Cella frigidaria mit Kuppelgewölbe — bemalt.
VI Auskleideraum (Apoditerium) mit gröfstenteils eingestürzten Tonnengewölbe überdeckt.
VII Tepidarium — lauwarmes Lokal, zum Abkühlen, Salben, Striegeln. Wanne für lauwarme Bäder, nachträglich eingebaut.
k Ofen (vermeintlicher) zur Erwärmung der Wanne.
VIII Caldarium — Schwitzbad.
IX Heizanlage.

Frauenabteilung
(Mauern derselben dunkel schraffiert).

2 Apoditerium — Auskleideraum, gut erhalten, mit
λ Badebassin für kaltes Wasser.
1 } Eingänge zum Auskleideraum, überwölbt.
5 }
6 Vorplatz.
3 Tepidarium — lauwarmes Lokal, Boden unterkellert, Wände hohl, Gewölbe kanneliert, hohle Zwischenräume.
4 Caldarium — mit Labrum und alveus.

Einzelbad.

a Eingang zu den Einzelbädern (solia).
e Badezellen.
f Gang.
h Vorzimmer.
i Kabinett.
g Treppenaufgang.
k Latrine, überwölbt.
l Brunnen.
c Keller mit Treppe.
d Vorzimmer.

Die nicht schraffierten hell gelassenen Mauern umschliefsen Läden, welche mit den Bädern keinerlei Verbindung haben.

Gröfseres Interesse haben für uns nur die Tepidarien und Caldarien der beiden Thermen mit ihren vermeintlichen Heizeinrichtungen. Bei beiden Bädern liegt die Feuerung des Kessels für heifses Wasser zwischen der Männer- und Frauenabteilung so, dafs das Caldarium jeder Abteilung der Feuerung am nächsten liegt. Das Tepidarium weiter abliegend schliefst sich dann an das Caldarium direkt an. Mit Ausnahme des Tepidariums der Männerabteilung der Forumsthermen *D* (Fig. 31) sind alle übrigen Tepidarien und Caldarien unterkellert und die Wände ganz oder teilweise mit einer entweder durch Warzenziegeln oder durch flach an die Wand gelegte Hohlziegelrohre im Innern ausgekleidet, so dafs ein Hohlraum in der Wand gebildet wird. Die Art der Unterkellerung ist auf Fig. 32 zu ersehen. Auf einer Unterlage von flachen quadratischen Ziegelplatten 0,56 × 0,56 m sind Ziegelpfeiler 0,22 im Quadrat in 0,56 m Entfernung aufgemauert und mit Stuck

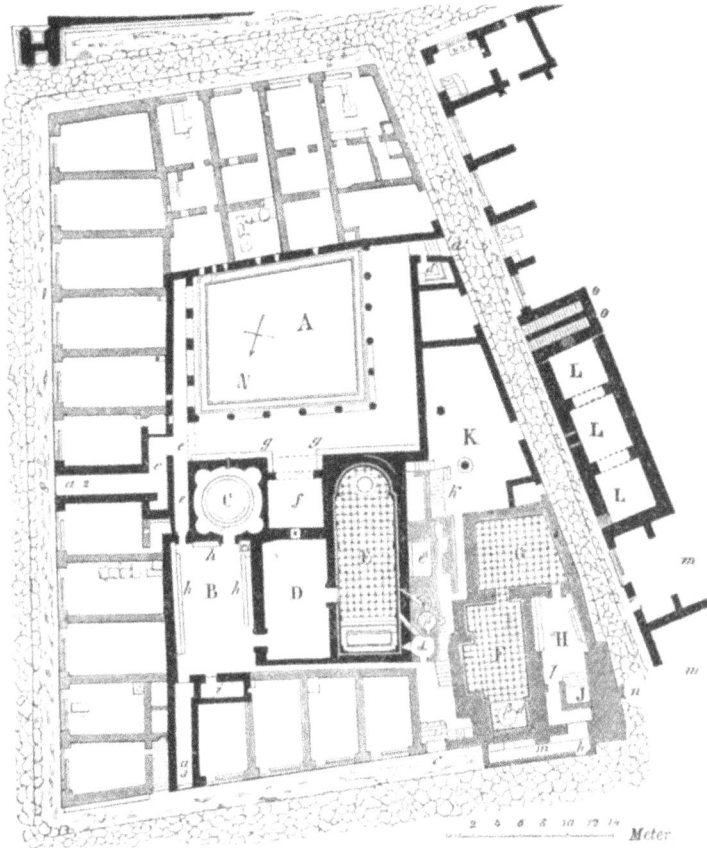

Fig. 31. Grundplan der Forumsthermen. Pompeji.

Erklärungen zu Fig. 31, Forumsthermen (Mau, Kleinere Thermen).

Männerabteilung
(Mauern schwarz).

a^1 Eingang von d. Vicolo delle Terme.
a^2 ,,   ,,   ,, Strada del Foro.
a^3 ,,   ,,   ,, Strada delle Terme.
A innerer Hofraum (ambulatio).
d Latrine.
e Gang.
B Auskleideraum — Apoditerium.
f Exedra -- Unterhaltungszimmer.
h steinerne Sitzbänke.
i Zimmer des Capsarius.
C Frigidarium — kaltes Bad, Wasser 1,3 m
    tief, mit. Kuppel in Form eines ab-
    gestumpften Kegels überwölbt.
D Tepidarium — auwarmer Raum für Rei-
    bungen, Salbungen, Striegeln, mit grofsem
    Kohlenbecken versehen.
E Caldarium — Schwitzbad, unterkellert und
    die Wände mit Warzenziegeln auf ca.
    2,5 m Höhe belegt.

Frauenabteilung
(Mauern dunkel schraffiert).

b Eingang.
m Vorhof.
H Apoditerium — Auskleideraum mit
J Frigidarium — kaltes Bad mit Piscina.
l Eingangsthür.
G Tepidarium — unterkellert, lauwarmer
    Raum für Reibungen, Salbungen, Strie-
    geln etc.
F Caldarium — Schwitzbad.
β Labrum.

c Eingang zum Heizapparat.
K Hof.
a Feuerstelle und Wasserkessel.
β zweiter Wasserkessel ohne Unterfeuerung
γ dritter Kessel für kaltes Wasser.
δ Brunnen.
k Treppen.
L Wassercysternen.

überzogen, durchschnittlich 0,8 m hoch. Auf den Ziegelpfeilern
liegen Ziegelplatten ebenfalls 0,56 m im Quadrat 0,075 m dick,
dann folgen nach oben mehrere Lagen von Kalkmörtel und zu oberst
der musivische Estrich. Die Ziegelpfeiler sind mit gewöhnlichem
Puzzolanmörtel gemauert, von dem mit Haaren angemachten Thon,
den Vitruv fordert, ist nichts zu bemerken.[1])

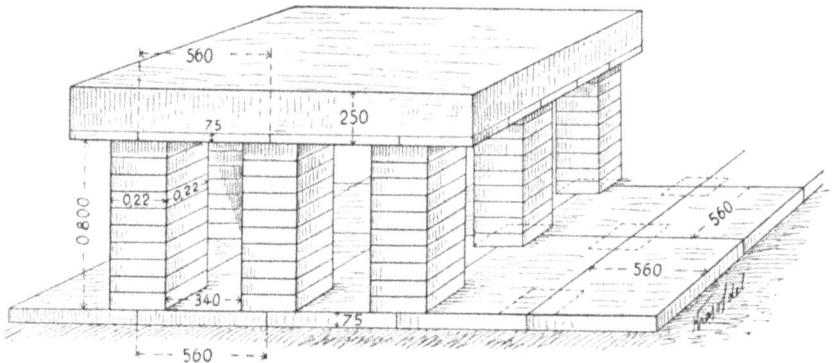

Fig. 32. Unterkellerung des Fufsbodens des Tepidariums der Stabianer Thermen.

Die Unterkellerung des Caldariums VIII (Fig. 30) stimmt im
wesentlichen mit der des Tepidariums VII überein, jedoch ist der
untere Boden nicht mit quadratischen, besonders für diesen Zweck
hergestellten, sondern mit oblongen aus Dachziegeln zurecht ge-
machten Ziegelplatten gepflastert, auch sind die Ziegelpfeiler nicht
mit Stuck überzogen.

Der Fufsboden in den Räumen 3 und 4 (Fig. 30) der Frauenabteilung der Stabianer Thermen ist noch vollständig erhalten und
ist deshalb die Unterkellerung unzugänglich. Mit gröfster Wahrscheinlichkeit kann jedoch angenommen werden, dafs die Konstruktion der Unterkellerung sich von der auf der Männerseite ausgeführten nicht wesentlich unterscheidet.

Auch die Unterkellerung in den Räumen EFG (Fig. 31)
der Forumsthermen weicht nur wenig von vorbeschriebener Einrichtung ab, nur sind die Ziegelpfeiler in dem Caldarium und
Tepidarium für Frauen, F und G wesentlich höher als 0,8 m, dagegen in dem Caldarium E der Männerabteilung nur 0,38 m hoch.

---

[1]) Nissen, Pompejanische Studien S. 144.

Die Unterkellerung ist auch unter den gemauerten Wannen durchgeführt, wie auf Fig. 33, — Längsschnitt durch das Caldarium *E* der Forumsthermen, zu ersehen ist. Die Pfeiler unter den Wannen sind aber in stärkeren Dimensionen ausgeführt.

Die Unterkellerung des Tepidariums steht mit der Unterkellerung des Caldariums einzig durch eine unter der Verbindungs-

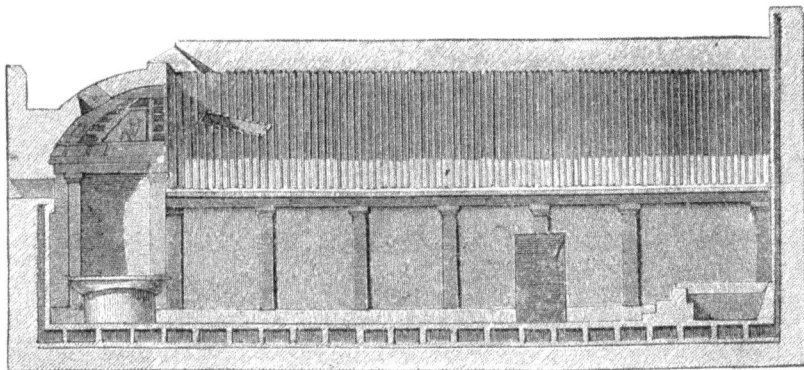

Fig. 33. Durchschnitt des Caldariums der Forumsthermen. Männerabteilung.

thür beider Räume in der Fundamentmauer angebrachte Öffnung in Verbindung. Irgend welche Züge oder Zungen zwischen den Ziegelpfeilerchen der Unterkellerungen sind nicht vorhanden, auch keine Luken und Einsteigöffnungen, welche das Innere zugänglich machen könnten. Nach aufsen führen von den Unterkellerungen der Tepidarien keine Öffnungen. Nur in dem Tepidarium VII der Stabianer Bäder (Fig. 30) ist unter nachträglich dort eingebauten Wannen bei *K* eine nach dem Korridor führende Öffnung, 0,57 m breit, 0,32 m hoch, in der Mauer vorhanden, welche Öffnung jedoch nicht mit feuerfestem Material ausgekleidet ist, und deshalb schon nicht als ein Feuerraum dienen konnte, wie von verschiedenen Seiten angenommen wird.

Aus den Unterkellerungen der Caldarien führen Kanäle nach den Räumen unter den Wasserkesseln, welche gemeinhin für Feuerkanäle angesehen werden. In diesen Kanälen, welche nicht mit feuerfestem Material ausgekleidet sind, sind Spuren der Einwirkung von Feuer nicht vorhanden. Der Boden der Unterkellerungen hat eine geringe Neigung nach diesen Kanälen zu.

Aus den verschiedensten Anzeichen folgert Nissen[1]) und
Overbeck-Mau[2]), dafs die Unterkellerungen und die Tubulation der
Wände erst nachträglich eingebaut worden sind und dafs vor Anlage der Unterkellerung die Baderäume einfache Säle waren, welche
durch Kohlenbecken beheizt wurden, während der in der Mitte
zwischen den beiden Abteilungen der Bäder liegende Ofen nur das
heifse Wasser lieferte.

Fig. 34. Innenansicht des Tepidariums, Männerabteilung, Forumsthermen.

In solcher Weise wurde auch noch zur Zeit der Zerstörung
Pompejis das aufsergewöhnlich reich verzierte und bemalte Tepidarium D (Fig. 34) der Männerabteilung der Forumsthermen beheizt, es wurde in diesem nicht unterkellerten und nicht tubulierten
Raume ein grofses verziertes, schon früher S. 18 erwähntes Kohlenbecken vorgefunden, mit drei bronzenen Ruhebänken. Fig. 34 gibt
eine innere Ansicht dieses Raumes.

Nur dieses Tepidarium der beiden Bäder ist ohne Unterkellerung und ohne hohle Wände. Alle anderen Caldarien und
Tepidarien sind mit hohlen Wänden und Unterkellerungen versehen.

---

[1]) Nissen, Pompejanische Studien, S. 146.
[2]) Overbeck-Mau, Pompeji, 4, S. 230; S. 224.

Die Höhlung (Tubulation) der Wände ist in zweierlei Weise in den Bädern ausgeführt. Die ältere Ausführungsweise, welche in dem Caldarium VIII (Fig. 30) der Stabianer Thermen zur Anwendung gekommen ist, besteht darin, daſs die Innenwand bis zur Höhe von ca. 2 $\frac{1}{2}$ m vom Boden, d. i. bis zu dem Ansatz des Tonnengewölbes, mit aufrechtstehenden dicht aneinander gereihten röhrenförmigen Hohlziegeln von rechteckigem Querschnitt 6 cm $\times$ 10 cm im Lichten verkleidet ist, welche mit der flachen Seite an die Wand gestellt sind. Diese Röhren reichen durch den Estrich des Bodens hindurch nach der Unterkellerung und sind unten offen und in freier Verbindung mit dem Kellerraum. Das obere Ende der Röhren ist geschlossen.

Die neuere Ausführung der Tubulation besteht darin, daſs sogenannte Warzenziegeln (tegulae mamatae), d. i. Ziegelplatten von 0,46 m im Quadrat, welche an den vier Ecken mit Vorsprüngen von 0,07 m Höhe versehen sind, mit der die Vorsprünge tragenden Seite an die Wand gestellt, mit eisernen Hacken befestigt und dann verputzt werden. Es entsteht so über der ganzen verkleideten Wand ein Hohlraum von 0,07 m Weite. Dieser Hohlraum ist ebenfalls durch den Estrich hindurch bis zur Unterkellerung geführt, mit welcher er frei kommuniziert.

Diese Hohlräume reichen in den Räumen VIII EFG bis ca. 2 $\frac{1}{2}$ m über den Fuſsboden und sind oben geschlossen. Eine Ausnahme hiervon machen nur die Höhlungen der Wände in dem Caldarium und Tepidarium der Frauenabteilung der Stabianer Thermen Fig. 30 — 3 und 4, bei welchen sie nicht nur die Seiten- und Endwände, sondern auch das Deckengewölbe durchsetzen. Diese Höhlungen kommunizieren mit der Unterkellerung unter dem Boden, haben aber keinerlei Öffnungen nach dem Innern des Raumes[1]), auch keine Öffnungen nach auſsen. Nur an einer Stelle des Raumes 4 (Fig. 30) im Scheitel des Gewölbes ist eine nach auſsen führende Öffnung durch die Mauer von ca. 0,15 m Durchmesser vorhanden, wie mir von kundiger Seite mitgeteilt wurde.

---

[1]) F. v. D u h n u. J a c o b i, Der griechische Tempel in Pompeji, S. 32.

In der Westwand dieses Caldariums hat Jacobi[1]) ein 20 cm
im lichten messendes Thonrohr aufgefunden, welches nicht senkrecht über das Dach geht, sondern im Scheitel des Gewölbes, bezw.
zwischen demselben und der Dachdeckung seitlich angebracht, einige
Centimeter aus der Mauer hervorragt. Jacobi hält dieses Rohr
für einen Schornstein. Auch in den beiden Mauerecken bei dem
Labrum des Männerbades der Stabianer Thermen sind etwa in
Kopfhöhe über dem Fußboden in der teilweise zerstörten Mauer
zwei nach oben führende Röhren von 0,15 bis 0,2 m Weite sichtbar.
Die Röhren haben nach unten keine Fortsetzung. Wie dieselben
nach oben verlaufen, war mir nicht möglich zu ermitteln.

Die Wände, der Boden und die gewölbten Decken aller Caldarien und Tepidarien sind ganz in Steinmaterial ausgeführt, der
Boden Mosaik, die Seitenwände und Decke mit fein abgeschliffenem
ornamentierten und bemaltem Stuck von außergewöhnlicher Härte
und Widerstandsfähigkeit versehen. Die Decken sind als Tonnengewölbe hergestellt und meist kanneliert (Fig. 33), damit das sich an
der Wand niederschlagende Wasser leichteren Abfluß finde. Die
Endwände sind teils gerade teils über dem Labrum (Fig. 33) kuppel-
artig abschließend. Die Mauern und das Deckengewölbe sind aus
Kalkstein gebaut. Die Mauern haben fast überall eine Stärke von
0,41 m. In den Deckengewölben sind Töpfe aus gebranntem Thon
zur Verwendung gekommen.

In jedem Caldarium ist eine Marmorwanne auf Pfeilerchen
aufgebaut. — Die Wanne in der Frauenabteilung der Stabianer
Thermen ist vollkommen, in der Männerabteilung der Forumsthermen ziemlich gut erhalten. Die Wanne im Caldarium der
Männerabteilung der Stabianer Thermen dagegen ist stark zerstört,
und im Caldarium der Frauenabteilung der Forumsthermen ist von
der Wanne selbst nichts mehr erhalten, nur die nischenartige Er-
weiterung der Ostwand des Raumes *F* (Fig. 31) läßt die Stelle erkennen, wo dieselbe gestanden hat.

Die Wannen sind alle innen und außen mit weißen Marmorplatten von 0,025 m Dicke aus- und umgekleidet. Die Größe der

---

[1]) F. v. Duhn u. L. Jacobi, Der griechische Tempel in Pompeji, S. 32.

Wannen ist nicht sehr verschieden. — Mau[1]) gibt von der Wanne im Männercaldarium der Forumsthermen (Fig. 33) folgende Beschreibung:

»Am Ende des Caldariums (Fig. 33) ist die viereckige Wanne (alveus) für das warme Bad. Auf zwei Stufen stieg man zu derselben hinauf und setzte sich auf die dritte oder die Wand der Wanne von weißem Marmor und 0,41 m Breite. Die Füße ruhten auf einer inneren Stufe von halber Höhe der Wanne, vermittelst deren man sich allmählich in das warme Wasser tauchen konnte. Die ganze Länge der Wanne ist 5,05 m, die Breite 1,59 m, und die Tiefe beträgt nur 0,6 m. Zehn Personen können nebeneinander auf dem Boden des Bassins gesessen haben; denn sitzend wird man, nach der geringen Tiefe der Wanne zu schließen, das Bad genommen haben, weshalb auch die hintere Wand derselben wie die Lehne eines Stuhles geneigt ist. Durch eine Öffnung im Boden, welche mit einem beweglichen Stein geschlossen wurde, konnte die ganze Wanne der Reinigung halber ausgeleert werden; das Wasser floß dann auf den Fußboden und diente zugleich zur Reinigung desselben.«

Die Wanne in dem Caldarium der Frauenabteilung 4 (Fig. 30 und Fig. 22) ist noch fast wie neu, sie ist[2]) wie alle Wannen aus Ziegeln aufgeführt und mit Platten aus weißem Marmor bekleidet. Die Wanne hat eine Länge von 4,68 m, eine Breite von 1,96 m und eine Tiefe von 0,62 m. Der gemauerte, auf Ziegelpfeilern ruhende Boden, ist aus einem 0,20 m starkem Estrich hergestellt. An der der Hauptfeuerung zugekehrten Schmalseite der Wanne befindet sich eine auf Fig. 22 abgebildete, auf S. 41 beschriebene Wärmevorrichtung für das Badewasser; auch der Boden dieser Wanne liegt etwas höher als der Fußboden des Caldariums, so daß das Wasser bei Entleerung der Wanne dorthin abgelassen werden konnte. Die Ablaßöffnung am Boden der Wanne ebenso wie ein in die Seitenwand eingefügtes kupfernes Überlaufrohr ist noch an Ort und Stelle.

---

[1]) Ovenbeck-Mau, Pompeji, S. 211.
[2]) F. v. Duhn, u. L. Jacobi, Der griechische Tempel in Pompeji, S. 33.

5*

Aufser der Wanne befindet sich im Caldarium in dem ent-
gegengesetzten Ende des Raumes das Labrum (a Fig. 33), eine
runde aus einem Stück weifsen Marmors hergestellte flache Wasser-
schale von ca. 0,11 m Tiefe, bei rd. 2 m äufserem Durchmesser. Das
bis zum oberen Rand 0,88 m hohe Gefäfs wird durch einen gemauerten und mit Stuck bekleideten runden Untersatz von 1,75 m
Durchm. unterstützt. In der Mitte ist das Marmorbecken mit einer
runden Öffnung versehen, durch welche ein eingekittetes Bronze-
rohr emporführt, welches als Wasserzuleitung gedient hat. —
In dem massiv gemauerten runden Untersatz unter dem Marmorbecken ist in der Mitte eine quadratische ziemlich weite Offnung
für das Wasserzuleitungsrohr ausgespart. Oben gegebene Dimensionen des Labrums sind dem Exemplar in dem Caldarium des
Frauenbades der Stabianer Thermen entnommen; es erscheint jedoch,
so viel aus den Resten in den anderen Caldarien erhellt, die Form
und Dimension fast überall die gleiche gewesen zu sein.

Die Marmorschale des Labrums hat weder einen Überlauf
noch eine Ablafsvorrichtung, so dafs das zufliefsende Wasser
über den Rand des Bassins direkt auf den Steinboden ge-
flossen ist.

Eigentümlich sind drei gleichförmig verteilte, gleich weit vom
Centrum (0,485 m) abstehende kleine runde 50 mm im Durchmesser
haltende, ca. 4 mm tiefe, auf dem Boden der Marmorschale des
Labrums ausgesparte Vertiefungen, welche augenscheinlich für die
Aufstellung eines Dreifufses bestimmt waren, dessen halsartige
Mitte das mittlere Wasserzuleitungsrohr, welches das Wasser aus
einem oberen Kopf nach verschiedenen Richtungen in kleinen
Strahlen horizontal ausfliefsen liefs, zu stützen bestimmt war. Solche
Vertiefungen finden sich in ganz gleicher Weise an den erhaltenen
Marmorschalen im Stabianer Frauenbad und im Männerbad der
Forumsthermen.

In den Tepidarien sind besondere bauliche Einrichtungen
nicht vorhanden. Nur das Badebassin für lauwarmes Wasser in
dem Tepidarium VII (Fig. 30) des Männerbades der Stabianer
Thermen macht eine Ausnahme, dasselbe ist auch erst nachträglich

eingebaut worden.[1]) Das Bassin unterscheidet sich in seiner Ausführung nicht von den Bassins in den Caldarien. — Die nach unseren jetzigen Begriffen etwas spärlichen hoch oben angebrachten Fenster dieser Räume waren ohne Zweifel bereits mit Glastafeln[2]) in beweglichen Rahmen versehen. Zwischen den Abteilungen für Männer und für Frauen sind in den Stabianer und den Forumsthermen die Feuerungen für die Wasserkessel gelagert, welche in Kapitel 5, S. 44 bereits beschrieben worden sind. Das in diesen Kesseln erhitzte und vorgewärmte Wasser mufste in Rohrleitungen den Wannen und dem Labrum zugeführt werden. Schon die reiche Ausstattung der Räume gestattete nicht, die Röhren frei im Innern an den Wänden zu führen, auch findet sich in dem fast vollkommen erhaltenen Caldarium 4 der Frauenabteilung der Stabianer Bäder keine Spur von Wasserleitungsröhren. Der teilweise zerstörte Unterbau für das Labrum im Caldarium für Männer in den Stabianer Thermen und im Caldarium der Frauenabteilung der Forumsthermen lassen erkennen, dafs die Wasserröhren von der Unterkellerung des Raumes aus geführt wurden.

Die Wasserzuleitungsrohre nach den Wannen und Labrum wurden jedenfalls durch die von den Räumen unter den Wasserkesseln nach der Unterkellerung führenden Kanäle geführt. Ein Blick auf die in Fig. 31, teilweise punktiert eingezeichneten Kanäle, zeigt deutlich, dafs diese Kanäle solche Bestimmung gehabt haben. Es könnte ein Feuerungskanal doch nur von einer Feuerung ausgegangen sein, aber niemals von einer Stelle aus, wo kein Feuer vorhanden war, wie unter den Kesseln für lauwarmes und kaltes Wasser.

Kanäle zur Aufnahme von Rohrleitungen aber mufsten naturgemäfs von den lauwarmen und Kaltwasserkesseln nach den Unterkellerungen geführt werden.

---

[1]) Overbeck-Mau, S. 224.
[2]) Overbeck-Mau, Pompeji, S. 211. — Nissen, Pomp. Studien, S. 596.

Kapitel 9.

Ansichten verschiedener Autoren über die Wirkungs- weise der vermeintlichen Hypokaustenheizungen in den Caldarien und Tepidarien der Bäder in Pompeji und anderwärts.

Die Ansicht, dafs die Hohlräume unter dem Boden und in den Mauern der Baderäume in den stabianischen und Forumsbädern in Pompeji und anderwärts nur zu Heizungszwecken erbaut und ge- braucht worden sind, ist eine ganz allgemein verbreitete, seit Jahr- hunderten bestehende und im allgemeinen nicht angefochtene, gleich- sam selbstverständliche. Auch werden diesem vermeintlichen Heiz- system gegenüber den jetzt bei uns gebräuchlichen Heizeinrichtungen noch ganz besondere Vorzüge nachgerühmt, wie nachstehend ange- führte Aussprüche verschiedener Autoren zeigen.

Overbeck-Mau, Pompeji, S. 213:

Der Herd und Kessel, welcher das Caldarium des Männer- bades (Forumsthermen) versorgte, brachte auch in das Caldarium der Frauen heifse Luft. Vor dem Caldarium liegt das Tepidarium ebenfalls mit hohlem Fufsboden, unter dem sich die Luft aus der Suspensura des Caldariums verbreitete.

Und weiter S. 227:

Der Fufsboden des Tepidariums (Männerabteilung der Sta- bianer Thermen) ruhte wie derjenige im Caldarium der kleineren Thermen auf Ziegelpfeilerchen, war also hohl, um die heifse Luft aufzunehmen, welche ihm aus dem ebenfalls hohlen Raume unter dem Fufsboden des angrenzenden Caldariums durch eine unter der Schwelle der die beiden Räume verbindenden Thür befindliche Öffnung zuströmte.

Aug. Mau, Pomp. Beiträge, S. 134:

Tubulierte Wände sind nicht denkbar ohne Suspensur, diese ist mindestens so alt als jene.

Und weiter II, 297:

Zwischen beiden Bädern (Stabianer Thermen) in der Mitte ist der Hauptofen angebracht, zu dem man von zwei Seiten gelangt. Drei kupferne Kessel standen ganz, wie es Vitruv vorschreibt, über dem Ofen, welcher vom Präfurnium aus geheizt wurde. Von ihm ging die heifse Luft in beide Caldarien und Tepidarien.

J. Marquardt, Privatleben der Römer, II, S. 283:

Die Caldarien und Terpidarien hatten Luftheizung, d. h. sie lagen über einem Souterrain (suspensura), durch welches die Hitze (vapor) aus dem Ofen sich verbreitete und von da aus aufserdem durch Thonröhren zwischen den doppelten Wänden der cellae hin aufgeführt wurde.

H. Nissen, Pompejanische Studien, S. 147:

Offenbar wurde die Temperatur durch die (Einrichtung der beheizten) Doppelböden (in den Tepidarien und Caldarien) ganz bedeutend gesteigert und daneben gleichmäfsig gemacht.

S. 145:

Die Wände (Tepidarium des Männerbades der stab. Thermen) sind gefüttert, so dafs der Dampf vom Boden aus in die Höhe steigend zwischen den beiden Schichten hindurchstreichen konnte.

Pauli Wissowa, Realencykl. d. kl. Altertums, S. 2748:

Die Ausgestaltung des Badewesens bei den Römern beruhte namentlich auf der Vervollkommnung der Heizeinrichtung, nämlich auf der Erfindung, unter dem Fufsboden und in den Wänden der Baderäume einen Hohlraum anzubringen, der, mit heifser Luft gefüllt, den Saal erwärmte. Indem man nun in einem Raume entweder nur den Hohlraum unter dem Fufsboden oder auch Hohlwände, und diese entweder auf allen Wänden oder nur auf einer oder zweien anbrachte und sie entweder auf die Deckenwölbung ausdehnte oder nicht; ferner durch die verschiedene Entfernung des zu erwärmenden Raumes von der Feuerstelle konnten die verschiedensten Wärmegrade hervorgebracht werden.

Und weiters S. 2751:

Die Räume (der Bäder) sind so angeordnet, dafs die beiden
Caldarien (für Männer und Frauen) dicht beisammen liegen und
zwischen ihnen die Feuerstelle anfangs nur zur Erwärmung des
Wassers, später auch zur Heizung der Baderäume selbst nebst
dem zugehörigen Raume (praefurnium) angebracht ist.

R. Engelmann, Pompeji, S. 31:

Das Tepidarium und Caldarium erhielten ihre Erwärmung
durch den hohlen Fufsboden und Hohlwände, d. h. der Fufsboden ruht auf kleinen bis zwei Fufs hohen Pilastern und die
Wände sind mit Ziegeln belegt, die dadurch, dafs sie mit empor-
stehenden Seitenwänden versehen sind, eine Art Röhre an der
Wand bilden; so konnte die von unten eingeführte Hitze unter
dem Fufsboden und den doppelten Wänden überall eindringen
und dadurch im Zimmer eine gleichförmige Wärme hervorbringen.

L. Jacobi und F. v. Duhn, Der griechische Tempel in Pompeji S. 35:

Die Nachahmung der römischen Heiz- und Badeeinrich-
tungen (Boden- und Wandheizungen) dürfte sich in unserer Zeit
bei ihrer grofsen Einfachheit nicht allein rechtfertigen, sondern
auch in jeder Weise empfehlen.

W. Schreiner, Eining und die dortigen Römerausgrabungen 1886.
S. 34 Anm. 3:

Die Tubis, Feuerungsziegel. Sie bilden die Wandverkleidung der Zimmer. Durch sie strömt die in den Öfen erzeugte
heifse Luft; Fufsboden und Wände in den Zimmern waren somit
erwärmt, ohne die eigentliche Zimmerluft zu alterieren — die
herrlichste und einzig gesunde Luftheizung.

Und weiter in der 2. Auflage von 1895, S. 146, macht derselbe aufmerksam:

Auf die Massen- und Einzelbäder mit ihren heute noch
heizbaren (?) vollkommen erhaltenen gemauerten Wannen und
ihren zahlreichen Hypokaustenfeuerungen (?) unter den erhaltenen Fufsböden in verschiedenen Systemen, einzig dastehend in
ganz Deutschland.

Wolpert, Theorie und Praxis der Ventilation und Heizung, II, 1887, S. 1025:

Das System der Fufsboden- und Wandheizung mit aufwärts gerichtetem Luftwechsel wird die Bezeichnung rationell mehr als ein anderes verdienen.

S. 1026:

Die Vorzüge der antiken Boden- und Wandheizung vor unseren Heizungen sind schon öfters hervorgehoben worden.

Walther Lange, Das antike griechisch-römische Wohnhaus, S. 129:

Die Art und Weise, wie man mit glühenden Kohlen zu heizen im stande war: Man verbrannte in einem kreisrunden, aufserhalb des Hauses liegenden Raum Holz. Nachdem aller Rauch entwichen war, schob man die noch glühenden Kohlen durch einen Gang, welcher gewöhnlich 2 m lang war, in den unter einem schwebenden Boden gebildeten Raum, welcher Hypokaustum genannt wurde. Die Römer nahmen sich aufserdem die natürliche Ventilation zum Vorbild, und daher konnten sie auch vollkommene Resultate mit ihrer Heizung und Ventilation erzielen und zwar in einer Weise, die uns wirklich zum Nachdenken herausfordert.

Herm. Fischer, Handbuch der Architektur:

Die Römer beheizten ihre Bäder, indem sie die im Feuerraum (Hypocausis) entweichenden Rauchgase durch einen niedrigen, unter dem Steinboden befindlichen Raum (Hypokaustum) und von diesem aus in zahlreichen lotrechten, in den Wänden angebrachten Schächten über Dach führten.

Dieses Beheizungssystem hat sich trotz lebhafter Fürsprache (Berger, Moderne und antik. Heizmethode) bisher nicht einzuführen vermocht, da für die meisten Fälle erhebliche Mängel die Vorzüge bei weitem überragen.

Dr. J. Berger, Gemeinverst. wissenschaftl. Vorträge. — Moderne und antike Heizungsmethoden:

Meine Absicht geht dahin, zu beweisen, dafs die Alten in ihrem einfachen ungetrübten Natursinn besser geheizt und ventiliert haben, als wir es thun, und dafs wir, wenn wir es zu einiger Vollkommenheit in diesem Kapitel bringen wollen, unbedingt zu den Prinzipien der Alten zurückkehren müssen.

A. a. O. Briefe A. Hofmann:

Allerdings steht es traurig um die Ventilation, namentlich in Schulen. Während die Wissenschaft sich unumwunden und ganz entschieden für meine Prinzipien als die einzig richtigen ausgesprochen (?), erklären die Ingenieure in Karlsruhe die Frage noch nicht gelöst, was beweist, dafs sie das Grundprinzip der Alten und meines Vorschlages, der Zimmerboden soll der Ofen sein, gar nicht begriffen haben.

W. Orschiedt, Blätter f. d. bayer. Realschulwesen, Bd. V, Heft 5, 1885, S. 224:

Da die Alten bei mäfsig erwärmter Luft einen warmen Fufs-boden besafsen, so sehen wir, dafs sie der allgemeinen Gesund-heitsregel »Füfse warm, Kopf kalt« im vollsten Sinne des Wortes Rechnung getragen haben.

E. Rudolf, Zeitschrift für Heizung, Lüftungs- und Wasserleitungs-technik Nr. 4, 1897, S. 39:

Die bereits des öfteren in der Fachpresse behandelten Vor-teile der Fufsbodenheizung und deren Zweckmäfsigkeit werden zwar allgemein anerkannt und gutgeheifsen; jedoch die Anerken-nung der Notwendigkeit der Fufsbodenheizung für Krankensäle etc. scheint leider in der mafsgebenden Kreisen noch nicht genügend Eingang gefunden zu haben, da dieselbe äufserst selten zur Aus-führung kommt.

Immerhin berichten einige vorurteilsfreie Beobachter auch von Unter-kellerungen, welche nicht zu Heizzwecken gedient haben können, so Jacobi, Römerkastell der Saalburg, S. 258:

»Im Homburger Mineralquellengebiet, östlich von dem Elisa-beth-Brunnen, ist eine römische Villa aufgegraben worden, die ähnlich, aber in vorzüglicher Weise mit Pfeilerchen aus je drei 20 cm im Quadrat grofsen Ziegelplatten hergestellt ist, die auf Estrich ruhen und mit einem solchen überdeckt sind. Die Ein-

richtung fand sich im tadellosen Zustand und hatte lediglich den
Zweck, die Räume der Villa, die wohl nur zum Sommeraufenthalt
diente, trocken und gesund zu erhalten.‹

Und weiter S. 258:

›Die Anlage des Gebäudes *G* in der Retentura (Tafel VIII,
Nr. 7 und 7a) ist zwar nicht zum Heizen, aber zur Trockenhaltung
des betreffenden Raumes bestimmt. Unter dem Fußboden, der
hier aus Platten bestanden haben muß, sind vier Pfeiler aus
gewöhnlichen Bruchsteinen aufgemauert und durch eine Öffnung
in der Mauer mit der Außenluft in Verbindung gebracht, was
eine Unterkellerung ersetzt. Dieses Verfahren wird heute
zur Herstellung gesunder, nicht unterkellerter Wohnräume,
Krankenbaracken etc. vielfach angewandt.‹

Dann Wilmowsky, Die römischen Moselvillen, Villa bei Wiltingen,
S. 37 und 40:

›Das Landhaus war klein und weder für einen längeren
Aufenthalt der Familie für die rauhere Jahreszeit eingerichtet (also
nicht heizbar). Dieselbe enthält neben dem Kabinett des Herrn
ein größeres Gemach mit schwebendem, auf Ziegelpfeilerchen
ruhendem Boden.‹

Über den Zweck der Hohlräume in den Wänden hat eigent-
lich schon Vitruv keinerlei Zweifel gelassen, daß dieselben ausschließlich zum Trockenlegen der Wände dienten.

Jacobi selbst verwirft an anderer Stelle die Meinung, daß
die Römer hätten beabsichtigen können, durch heiße Bodenober-
flächen Räume zu beheizen, indem er (Römerkastell Saalburg, S. 249)
anführt:

›Wenn man die Konstruktion und die Dicke des Estrichs
betrachtet, der auf den Pfeilern ruht, so spricht sich darin die
Absicht aus, demselben möglichst geringe Leitungsfähigkeit für
die Wärme zu geben und ihn als dauernden Wärmebehälter herzustellen. Nicht nur, daß er eine Dicke von 15—20—30 ja selbst
50 cm hat, ist er auch öfters durch hohle Einlagen zu einem
schlechten Wärmeleiter gemacht worden. In einem in Baden-

Baden aufgedeckten Hypokaustum fanden sich in dem Estrich cylindrische Hohlziegel eingebaut, die entsprechende Hohlräume bildeten. Ähnliches ist auch in Grofs-Pöchlar nachgewiesen worden.«

Soweit nun auch, wie aus vorstehenden Citaten hervorgeht, die Ansichten der verschiedenen Autoren bezüglich der Details der Wirkungsweise der sog. Hypokaustenheizung auseinandergehen, alle stimmen doch darin überein, dafs die Quelle der Erwärmung der Baderäume in den sog. Hypokausten und den Hohlräumen der Wände zu suchen sei. Dafs diese Meinung eine irrige ist, werde ich weiterhin zu beweisen suchen.

Kapitel 10.

Nachweis, dafs die pompejanischen Bäder niemals durch Hypokausten beheizt wurden.

Die Beheizung der unterkellerten und tubulierten Caldarien und Tepidarien der pompejanischen Bäder durch Hypokausten, wie allgemein angenommen, erscheint nach dem Befunde an Ort und Stelle unmöglich, aus folgenden Gründen und Wahrnehmungen:

1. In den Bädern in Pompeji hätte die Beheizung der vermeintlichen Hypokausten und tubulierten Wände nur von der einen Feuerung unter dem Wasserkessel ausgehen können. Eine solche Verkuppelung der Beheizung des Wasserkessels mit der Heizung der Hypokausten, würde zu dem denkbar unzweckmäfsigsten ja unmöglichen Betrieb geführt haben, da die Heizung der Räume immer nur hätte vorgenommen werden können, wenn auch gleichzeitig das Wasser im Kessel erwärmt worden wäre. Da aber bei den enormen, behufs Beheizung der Räume zu erwärmenden Mauermassen des Hypokaustums die Heizung der Räume schon lange vorher, zu einer Zeit bereits hätte begonnen werden müssen, in welcher an heifsem Wasser noch kein Verbrauch war, so hätte, da entsprechend der vorausgesetzten Konstruktion, die im Feuerraum produzierte Wärme auch dann von dem darüber-

liegenden Wasserkessel aufgenommen werden müssen, wenn nur geheizt werden sollte und warmes Wasser nicht erforderlich war und so unnötigerweise der gröfste Teil der Wärme an den aus dem kochenden Wasser sich bildenden und nutzlos abströmenden Dampf abgegeben werden müssen.

Ja bei den Caldarien des Frauenbades der Stabianer Thermen hätte die Flamme von dem Hauptkessel erst noch unter dem halbrunden Ansatzkessel der Wanne und unter dem Raum unter dieser durchstreichen müssen, bevor sie in das vermeintliche Hypokaustum eintreten konnte. Die Kessel aber mufsten, sobald gefeuert wurde, immer mit Wasser gefüllt erhalten werden, denn ohne Wasserinhalt würden dieselben in kürzester Zeit zerstört worden sein.

2. Die Gröfse der Heizfläche eines durch Feuergase beheizten und durch natürlichen Zug wirkenden Ofens ist durchaus keine beliebige. — Ist die Heizfläche im Verhältnis zu der verlangten Heizleistung und der im Heizraum verfeuerten Brennmaterialquantität klein, so wird immer ein gröfserer Teil der im Heizraum erzeugten Wärme bei hoher Temperatur der Abgase durch den Schornstein nutzlos abgehen. — Ist die Heizfläche aber zu grofs, so wird die Abkühlung der Feuergase zu weit fortgesetzt werden, so dafs selbst hohe Schornsteine, welche ja nur wirken können, wenn die Temperatur der Rauchgase in ihrem Innern entsprechend höher ist, als die Aufsentemperatur, nicht die Feuerung in normalem Gang erhalten können. — Bei der Heiz-Anlage mit Hypokausten, wie solche in Pompeji vermeintlich vorhanden waren, ist letzteres augenscheinlich der Fall, wie durch eine beispielsweise Überschlagsrechnung für das Caldarium und Tepidarium der Männerabteilung der Stabianer Thermen leicht ersichtlich gemacht werden kann.

Ich sehe bei dieser Rechnung davon ab, dafs nicht nur die Bodenflächen und tubulierten Wandflächen des beheizten Raumes, sondern auch die Bodenfläche der Unterkellerung und die Fläche der Aufsenmauer als wärmeabführende Flächen anzusehen sind, und setze nur erstere in Rechnung.

Weiter nehme ich, um ganz sicher zu gehen, an, daſs an
der Eintrittsstelle am Heizraum eine solche Menge von Verbrennungsprodukten mit 1000° Temperatur eintrete, daſs dieselbe den doppelten Betrag der Wärmequantität, welche im
Maximum den Räumen im Winter zugeführt werden muſs,
enthält, und weiter soll vorläufig angenommen werden, daſs
diese Verbrennungsprodukte durch einen mechanischen Ventilator gezwungen werden, die Wände der Unterkellerung und
die Flächen der hohlen Wände zu bespülen, was allerdings
nur möglich sein würde, wenn durch entsprechende Zungen
Zugkanäle hergestellt worden wären.

Ferner sei angenommen, daſs in der Wärmetransmission
bereits Beharrungszustand eingetreten sei. — Bevor Beharrungszustand eintritt, in der Periode des Anheizens, ist die
Wärmeabgabe an die Wände immer gröſser, als wenn der
Beharrungszustand bereits eingetreten ist. —

Bestimmen wir nun unter obigen denkbar günstigen Vor-
aussetzungen die Abkühlung, welche die mit 1000° in die
Unterkellerung des Männer-Caldariums und Tepidariums der
Stabianer Thermen eintretende Heizgase durch Bestreichen
der Heizfläche erleiden würde. —

Die maximale Abkühlung der Räume beträgt:

Für das Caldarium VIII, Tabelle S. 30 = 47 050 Kal. kg C.
Für das Tepidarium VII, Tabelle S. 30 = 28 420 » » »

für beide in Summa: 75 470 Kal. kg C. stdl.

Wenn nach obiger Voraussetzung die doppelte maximale
Wärmemenge in die Unterkellerung eingeführt werden soll,
so sind das

$$2 \times 75\,470 \text{ Kal.} = 150\,940 \text{ Kal. stdl.}$$

Die Quantität der Feuergase, welche bei 1000° diese Wärmemenge aufnehmen, die specifische Wärme der Verbrennungsprodukte zu 0,25 Kal. angenommen, beträgt:

$$\frac{150\,940}{0,25 \times 1000} = 600 \text{ kg Heizgase pro Stunde.}$$

Die Bodenheizfläche des Caldariums beträgt . . . 91 qm
Die tubulierte Wandfläche des Caldariums . . . . 102 »
Die Bodenheizfläche des Tepidariums . . . . . 80 »
Die tubulierte Wandfläche des Tepidariums . . . 93 »

Der Wärmetransmissionskoeffizient W kann für den Fuſsboden zu 1,16 Kal. pro Stunde und Quadratmeter für die
0,07 m dicke Wandverkleidung zu 2,16 Kal. pro Stunde und
Quadratmeter angenommen werden.

Nach Weifs »Allgemeine Theorie der Feuerungsanlagen«
S. 93. — Formel 80 ist:

$$F = l \text{ nat.} \left| \frac{T_0 - t_1}{T_1 - t_1} \right| \cdot \frac{n\,A\,M\,\alpha}{W}$$

worin bedeutet:

F Gröſse der Heizfläche in Quadratmeter.

$n\,A\,M$ Heizgasmenge in Kilogramm pro Stunde (hier 600 kg).

T_0 Temperatur der Heizgase bei Eintritt (hier 1000^0).

T_1 Temperatur der Heizgase bei dem Verlassen der Heiz-
    fläche.

t_1 Aufsentemperatur: (hier 0^0).

α Specifische Wärme der Heizgase $= 0,25$.

W Wärmeüberführungskoeffizient — (hier 1,06 resp. 2,16).

Da für vorliegenden Fall $t_1 = 0^0$ ist, ändert sich obige
Formel in:

$$F = \frac{n \cdot A\,M \cdot \alpha}{W} \, l\,n\,t \left(\frac{T_0}{T_1} \right)$$

oder auch:

$$l \cdot n\,t \, \frac{T_0}{T_1} = \frac{F \times W}{n \cdot A\,M \cdot \alpha}.$$

Die entsprechenden Werte in die Formel eingesetzt, ergibt
sich für eine Bodenheizfläche von 91 qm, d. i. nachdem die
Heizgase den Fuſsboden des Caldariums durchstrichen haben:

$$l \text{ nt.} \left(\frac{T_0}{T_1} \right) = \frac{91 \times 1,16}{600 \times 0,25} = 0,7$$

$$\log \frac{T_0}{T_1} = 0,7 \times 0,4343 = 0,304$$

demnach:
$$\frac{T_0}{T_1} = 2{,}01 -$$

und:
$$T_1 = \frac{T_0}{2{,}01} = \frac{1000}{2{,}01} = 497^0 \text{ C.}$$

d. h. die Temperatur der Heizgase ist, nachdem dieselbe
91 qm Bodenfläche des Tepidariums bestrichen hat, von 1000^0
auf 497^0 abgekühlt.

Dieselbe Rechnung mit obigen Zahlengrundlagen in derselben Weise fortgesetzt ergibt:

Temperatur der Heizgase bei dem Übertritt vom Caldarium nach dem Tepidarium . . . . 114^0

Austrittstemperatur aus dem Tepidarium . . . . . $16{,}2^0$

Wenn aber, wie es im Sommer vorkommen kann, nur die
Hälfte der oben berechneten Wärmequantität in die Bade-
räume geliefert würde — das Quantum der Heizgase von
1000^0 Eintrittstemperatur demnach anstatt stdl. 600 kg nur
300 kg betragen würde, so stellen sich die Temperaturen der
Heizgase wie folgt:

Temperatur bei dem Eintritt unter den Boden des Caldariums . . . . 1000^0

Temperatur bei dem Übergang vom Caldarium nach
Tepidarium . . . . 13^0

Temperatur bei dem Austritt aus dem Tepidarium . $0{,}26^0$

In Wirklichkeit aber würde die Abkühlung der Heizgase
eine noch gröfsere sein, da der Wärmeverlust durch Kellerboden und Aufsenwände bei obiger Rechnung gar nicht in
Ansatz gebracht worden ist, — auch ist angenommen, dafs
bereits Beharrungszustand in der Heizung eingetreten sei, was
bei vorliegender Einrichtung immer erst nach Wochen eintreten
könnte. Während des Anheizens aber ist die Abkühlung der
Heizgase wiederum stärker als im Beharrungszustand. —

Mit Temperaturdifferenzen von 16^0 und weniger im Schornstein, welche nach vorstehender Rechnung nur im denkbar
günstigsten Fall erreichbar sein würden, würde selbst dann,
wenn ein sehr hoher Schornstein zur Anwendung kommen
würde, kein hinreichender Zug zu erzeugen sein. Eine

solche Anlage würde deshalb, da von einem Betrieb derselben durch Ventilator fraglos abzusehen ist, nicht betriebsfähig sein.

Diese Rechnung hat überhaupt nur den Zweck, das augenscheinliche Mifsverhältnis zwischen Heizflächen und Wärmebedarf der Räume klarzustellen, welches eintreten würde, wenn wirklich, wie allgemein angenommen wird, die Boden- und tubulierten Wandflächen als Heizflächen dienen sollten. — Dieses Mifsverhältnis ist bei den übrigen Caldarien und Tepidarien der beiden pompejanischen Bäder nicht günstiger, bei dem Caldarium und Tepidarium der Frauenabteilung der Stabianer Thermen sogar noch weit ungünstiger, da hier nicht nur die Seitenwände, sondern auch die Deckengewölbe tubuliert sind.

3. Zur Bethätigung der Heizung als Hypokaustenfeuerung wäre es unerläfslich, damit die Heizgase die Heizflächen auch wirklich bestreichen, dafs die Hohlräume durch eingesetzte Zungen und Scheidewände mit Zügen versehen wären, welche nach dem Schornstein führen müfsten. Von solchen Zügen findet sich aber in den Unterkellerungen keine Spur, auch in den durch Warzenziegeln in der Wand gebildeten flachen Hohlräumen ist nichts dergleichen zu bemerken.

Die die Wände auskleidenden Ziegelrohre von ca. 6 cm × 10 cm Weite, bei einer Länge von mehr als $2^{1}/_{2}$ m, sind nur unten mit dem vermeintlichen Hypokaustenraum verbunden, oben aber geschlossen und haben keinerlei Verbindung untereinander, können demnach niemals als Heizröhren gedient haben. Es ist notwendig, diesen Sachverhalt ausdrücklich zu konstatieren, da verschiedene Autoren, um die Möglichkeit zu haben, diese Röhren als Heizrohre ansehen zu können, dieselben bis über Dach fortsetzen und dort ausmünden lassen. Der in demselben Streben wurzelnde Erklärungsversuch von Röfsler[1] widerspricht sowohl den

[1] Westdeutsche Zeitschr., Jahrg. IX, S. 262, 1890. G. v. Röfsler, Die Bäder der Grenzkastelle: ›Aus dem Raum unter dem schwebenden Boden wurde die heifseste Luft vermöge ihrer geringsten Dichte in den Wandröhren empor-

physikalischen Gesetzen als den jedem praktischen Heizingenieur bekannten Thatsachen.

4. Zu dem Betrieb so ausgedehnter centraler Heizanlagen, von
einer Feuerung aus, wie solche angeblich bei den beiden
Bädern in Pompeji bestanden haben soll, würden unter allen
Umständen zu jeder Feuerung wenigstens zwei Schornsteine
von bedeutendem Querschnitt und bedeutender Höhe erforderlich gewesen sein: je ein Schornstein für die beiden Männer-
abteilungen und je einer für die beiden Frauenabteilungen.
Der Schornstein für die Männerabteilung der Stabianer Thermen
hätte nicht unter 0,4 m Durchm. oder eine diesem Durchmesser entsprechende Querschnittsfläche erhalten müssen und
die Höhe dieses Schornsteins[1]) würde, abgesehen davon, dafs
die Heizgase, wie S. 80 nachgewiesen, denselben ganz abgekühlt erreichen, unter normalen Verhältnissen, nach be-
währten empirischen Regeln, bei der grofsen horizontalen Aus-
breitung der Anlage wenigstens 20 m betragen haben müssen.

In den pompejanischen Bädern aber ist trotz ernstlichen
Suchens bis jetzt auch keine Spur, welche für das ehemalige
Vorhandensein einer so umfangreichen Anlage gedeutet werden
könnte, aufgefunden worden. Die beiden von Jacobi in der
Stirnwand des Frauencaldariums aufgefundenen Rohre von
0,2 m Durchm.[2]) können nach vorstehend Erörtertem weder
nach ihrer Lage, noch nach Dimension und Höhe als Schornstein in Betracht kommen.

Die phantasievolle Vermutung, welche v. Röfsler ausspricht[3]), dafs der Schornstein, welchen er mit Recht als für
jede technisch entwickelte Heizanlage absolut erforderlich erachtet, der aber bei den vermeintlichen Hypokaustenheizungen

getrieben und, da die Röhren oben geschlossen waren, am höchsten Punkt derselben aufgehalten; sie mufste sich durch Wärmeabgabe an die Wand abkühlen,
infolgedessen schwerer werden, niedersinken (in demselben Rohr), um neuen
wärmeren Luftmassen Platz zu machen«.

[1]) P. Meifsner, Heizung mit erwärmter Luft, III, S. 58.
[2]) F. v. Dehn u. L. Jacobi, Der griechische Tempel in Pompeji, S. 32.
[3]) G. v. Röfsler, Die Bäder der Grenzkastelle. Westdeutsche Zeitschr.
Jahrg. IX, S. 262.

nicht nur nicht in Pompeji, sondern überhaupt nirgends zu finden ist, direkt auf den Feuerherd aufgesetzt gewesen sein könnte, kann in Pompeji nicht in Betracht kommen, da dort der Raum über der Feuerung bereits durch den Wasserkessel eingenommen ist.

5. Es ist nicht möglich anzunehmen, daſs die römischen Baumeister, nachdem dieselben die Unterkellerung und die Tubulation der Wände in den Bädern vorgenommen hatten, die bis dahin in Gebrauch befindlichen Holzkohlenpfannen beseitigt und die Beheizung der ausgedehnten Säle, der Abfallhitze der einzigen vorhandenen Feuerung für Wassererwärmung zugewiesen hätten, welche Feuerung an und für sich, siehe S. 46, bereits als sehr klein erkannt worden ist. — Die Leistung der Feuerung unter dem Wasserheizkessel der Bäder ist zu max. 60 000 WE. kg C. stdl. bestimmt worden, während die Maximalleistung für Beheizung der Räume, laut Tabelle auf S. 30 für die Stabianer Thermen 122 000 Kal. stündlich und für die Forumsthermen 103 000 Kal. stündlich beträgt, wobei der Wärmeverlust durch Kellerboden und Aufsenmauer nicht in Betracht gezogen ist.

Mau empfindet auch die Ungehörigkeit dieser Annahme indem er[1] ausspricht:

> »Da die Entstehung des schon in der ersten Zeit der Kolonie restaurationsbedürftigen Baues ohne Zweifel weit vor die Zeit des Sergius Orata — des Erfinders der Suspensur — fällt, so ist obige Annahme (daſs die Heizung anders als durch Hypokaustheizung besorgt wurde) unvermeidlich — wenngleich es ansprechender wäre, die Gruppierung der Caldarien und Tepidarien um den gemeinsamen Heizraum auch durch das ursprüngliche Vorhandensein suspendierter Fuſsböden erklären zu können.«

6. Wenn die Unterkellerungen und Tubulationen als Feuerzüge, wie allgemein angenommen, gedient haben würden, so müſste sich in denselben Asche und Ruſs angesetzt haben und noch

---

[1] Aug. Mau, Pompejanische Beiträge, S. 137.

vorhanden sein, welch letzterer, falls mit Holz geheizt worden
wäre, in Form von Glanzrufs angesetzt haben würde. Selbst
dann, wenn die Heizung nur mit besten Holzkohlen beschickt
worden wäre, würde bei der notwendigerweise grofsen Abkühlung der Heizgase in den Zügen sich Feuchtigkeit nieder-
geschlagen haben, welche in Verbindung mit abgelagerter
Asche noch heute erkennbare Spuren hinterlassen haben
würde. Solche sind aber nicht vorhanden. Bei der Feuerung
in den Forumsthermen ist zur Anfachung des Feuers dienen-
des Pech[1]) vorgefunden worden. Die Spuren dieses, starken
Rufs und Rauch erzeugenden Brennmaterials, müfsten aber
unbedingt jetzt noch an den Wänden der Hypokausten und
Tubulationen zu finden sein, nachdem heute noch in dem
MännerApoditerium der Forumsthermen die durch rufsende
Lampen an der Wand erzeugten Flecken sichtbar[2]) sind.
Ferner kann man in Eining heute noch die Spuren unter-
scheiden, welche in der Aufsenwand des Gebäudes steckende
Hölzer bei dem Brande des Hauses an der Steinwand hinter-
lassen haben.

7. Weder die Fufsböden der sogenannten Hypokausten noch die
Tubulationen der Wände sind in den pompejanischen Bädern
durch Reinigungsöffnungen zugänglich gemacht. — Für eine
Hypokaustenheizung würden solche Öffnungen absolut erforderlich gewesen sein und sind solche auch in den römischen Heizungen vorhanden, bei welchen wirklich im Keller
unter dem Fufsboden Heizgase geführt worden sind, wie
z. B. bei der von Jacobi[3]) beschriebenen Heizung in der
bürgerlichen Niederlassung an der Saalburg.

8. Wenn die Beheizung der Caldarien in den pompejanischen
Bädern durch Hypokausten stattgefunden hätte, müfsten in
den von dem Feuerherd nach der Unterkellerung führenden
Kanälen, welche nicht mit feuerfestem Material ausgekleidet
sind wie die Feuerräume, Spuren der Zerstörung durch die

----

[1]) Overbeck-Mau, Pompeji, S. 212.
[2]) Overbeck-Mau, Pompeji, S. 205.
[3]) Jacobi, Das Römerkastell Saalburg, S. 250.

dieselben durchziehenden Stichflammen vorgefunden werden. — Solche Spuren konnte ich jedoch nicht entdecken.

9. Es wird angenommen, daſs die Heizgase unter den Wannen und unter dem Estrich des Fuſsbodens hindurch gestrichen wären. In diesem Falle würden nicht nur die steinernen Wannen, wie schon früher S. 36 nachgewiesen, zerstört worden sein, sondern auch der Fuſsboden selbst, wenigstens an den Stellen, wo die Feuergase eintreten.

Schon Quednow[1]) sagt hierüber:

»Hätte man das Feuer unmittelbar unter dem Fuſsboden angelegt, so würde derselbe sehr bald zerstört worden sein.«

Die Römer aber legten bei ihren wirklichen Hypokaustenheizungen das Feuer nicht direkt unter den Fuſsboden, sondern legten den Feuerraum auſserhalb an, mit noch besonderen Einrichtungen, um einer Beschädigung des Fuſsbodens vorzubeugen, wie solche auf Fig. 25 ersichtlich sind. — In dem allgemeinen Krankenhaus in Eppendorf bei Hamburg[2]), welches nach vermeintlicher altrömischer Bauweise dampfbeheizte Hypokausten unter dem Fuſsboden hat, ist, da man selbst bei dieser vergleichsweise milden Erhitzung fürchtete, daſs der Fuſsboden Schaden leiden könnte, noch eine besondere direkte Dampfheizung in die Räume selbst gelegt worden.

In den römischen Bädern aber muſsten die Fuſsböden wasserdicht angelegt und gehalten werden, da alles Abwasser von der Wanne und dem Labrum direkt auf diese Böden abgelassen wurde. In Wirklichkeit zeigen auch die gut erhaltenen Böden der Frauenabteilung der Stabianer Thermen keinerlei Spuren einer Beschädigung durch Unterfeuerung, wie dies doch unausbleiblich gewesen wäre, wenn eine solche stattgefunden hätte.[3])

10. Die Vorstellung, daſs durch die Einrichtung der Hypokaustenheizung in den pompejanischen Baderäumen eine besonders

---

[1]) Quednow, Beschreibung der Altertümer in Trier, S. 49.

[2]) Dr. Th. Deneke, Das neue allgemeine Krankenhaus zu Hamburg-Eppendorf.

[3]) Overbeck-Mau, Pompeji, S. 211—226—236.

gleichförmige Erwärmung des Bodens[1]) und der Räume stattgefunden haben würde, ist eine irrige. Bei jedem durch Heizgase erwärmten Ofen, und einen solchen würden die Hypokausten in Pompeji dargestellt haben, muſs die Oberflächentemperatur der Heizflächen notwendigerweise eine sehr un-
gleichförmige, von der Feuerstelle aus schnell abnehmende
sein; es wäre bei einer Beheizung des Caldariums auf 60°
durch Hypokausten ein Teil des Bodens für das Begehen mit
nackten Füſsen unbenutzbar geworden. Auch die Vorstellung, daſs verschiedene Wärmegrade hervorgebracht werden
konnten[2]), je nachdem man zur Heizung entweder nur den
Hohlraum unter dem Fuſsboden oder auch Hohlwände, und
diese entweder auf allen Wänden oder nur auf einer oder
zweien benutzte und die Heizung auch auf die Deckenwölbung
ausdehnte oder nicht, ist eine irrige. Nirgend sind die für
einen solchen Betrieb unentbehrlichen Zugkanäle, Absperr-
und Reguliervorrichtungen in den vermeintlichen Feuerzügen
vorhanden.

Wie ungleichförmig die Verteilung der Wärme an die verschiedenen Räume bei einer solchen Hypokaustenheizung
gewesen sein würde, wird durch die Resultate der Rechnung
für das Caldarium und Tepidarium der Männerabteilung der
Stabianer Thermen S. 80 klargestellt. Für das Tepidarium der
Männerabteilung der Stabianer Thermen würde für die Beheizung desselben 38% der für Caldarium und Tepidarium
erforderlichen Gesamt-Wärmemenge abzugeben sein. Die
Berechnung der Heizflächen ergibt aber, daſs im Winter nur
10%, im Sommer aber nur noch 1,3% der Gesamtwärme an
das Tepidarium abgegeben wird. Wenn es auch zu ermög-
lichen wäre, durch Ausschaltung von Heizflächen für eine
bestimmte Auſsentemperatur das richtige Verhältnis in der
Wärmeverteilung herzustellen, so würde doch bei anderen
Auſsentemperaturen dasselbe nicht mehr vorhanden sein.

----

[1]) Nissen, Pompejianische Studien, S. 147.
[2]) Pauli Wissowa, II, S. 2748.

Bei derartigen Anlagen müfste deshalb für jeden Raum eine besondere Feuerung hergestellt werden, aber auch unter dieser Voraussetzung würde wegen der grofsen zu erwärmenden Steinmassen im Hypokaustum eine Anpassung der Ofenleistung an die wechselnden Aufsentemperaturen sehr schwierig sein.

Dafs es erforderlich gewesen sei, um eine erhöhte Temperatur in den Baderäumen zu erzielen von der Kohlenbecken-feuerung zu der Hypokaustenfeuerung überzugehen, wie Nissen[1]) und Overbeck-Mau[2]) meinen, kann ernstlich nicht in Frage kommen, da durch Verwendung von Holzkohlenbecken vergröfserter Dimension oder in gröfserer Anzahl jede gewünschte und für den Menschen noch erträgliche Temperatur leicht und schnell hergestellt werden konnte, was mit einer indirekten Hypokaustenheizung, wo die Wärme dicke Steinwände zu durchdringen gehabt hätte, jedenfalls nur schwierig und langsam erreicht worden wäre.

11. Eine Hypokaustenfeuerung, wie solche als in den pompejanischen Bäden benützt angenommen wird, würde, wenn dieselbe überhaupt hätte wirken können, aufserordentlich viel Brennmaterial erfordert haben, da, ganz abgesehen von dem Wärmeverlust, durch nutzlos verdampftes Wasser (S. 76) fast jeder für den Zweck der Beheizung wirksamen Heizfläche, in dem Boden der Unterkellerung und der Aufsenwand der Tubulation, eine die Wärme ohne Nutzen für den Zweck abführende Fläche gegenüber gelegen haben würde.

Die Pompejaner, welche, wie ja auch Mau und Nissen bestätigen, Jahrhunderte lang sich mit Holzkohlenpfannen in den Baderäumen beholfen haben, deren ökonomischer Effekt ohne allen Zweifel ein sehr guter gewesen ist, würden gewifs nicht einen Umbau vorgenommen haben, welcher sie nötigte, einen so vielfach gröfseren Aufwand an Brennmaterial zu machen, wo doch, wie die S. 47 Fig. 25 behandelten Hypokaustenluftheizungen in der Saalburg etc. zeigen, den römischen Baumeistern, auch wenn sie Kohlenbecken aus irgend

---

[1]) Nissen, Pompejanische Studien, S. 147.
[2]) Overbeck-Mau, Pompeji, S. 230.

welchem Grund nicht anwenden wollten, Heizeinrichtungen
bekannt waren, welche eine so enorme Verschwendung von
Brennmaterialien nicht nötig gemacht haben würden.

12. Nach Nissen[1]) ist im ersten Jahrzehnt nach Chr. das Caldarium der Männerabteilung der Stabianer Thermen mit
Unterkellerung und .Tubulation versehen worden; es war
dies der erste so umgebaute Baderaum in den pompejanischen Bädern. Fast zu gleicher Zeit hat Publius Nigidus Vaccula die beiden noch jetzt erhaltenen grofsen und wertvollen
Kohlenbecken für die Tepidarien der Stabianer- und Forumsbäder gestiftet und seinen Namen an der Gabe verewigt.
Ist es anzunehmen, dafs gerade zu der Zeit, in welcher nach
der jetzt hergebrachten Meinung die angeblich neu erfundene
Heizmethode in den Stabianer Bädern zur Ausführung kam,
denselben Bädern eine wertvolle Stiftung gemacht wurde, die
voraussichtlich in kurzer Zeit, sobald der Umbau vollendet
gewesen wäre, aufser Gebrauch hätte kommen müssen?

13. Die Beschreibung der Hypokaustenfeuerung von Vitruv
pafst allerdings auf die in den pompejanischen Bädern vorhandene Unterkellerung sehr gut, aber Vitruv weifs nichts
von geheizten Hohlwänden, beschreibt aber eine genau mit
der in den Bädern vorgefundene Tubulation der Wände über-
einstimmende Einrichtung als Vorrichtung, um feuchte Wände
trocken zu erhalten.

Da uns aber auch an anderen Stellen Unterkellerungen
ganz nach Vitruvs Beschreibung ausgeführt bekannt sind,
deren einziger Zweck notorisch ebenfalls nur die Trockenlegung des Fufsbodens gewesen ist.[2]) Da weiter auch an
anderen Stellen wirkliche Heizvorrichtungen in Verbindung
mit Unterkellerung nach Vitruvs Beschreibung vorkommen[3]),
so liegt keinerlei zwingender Grund vor, selbst wenn man die
Angaben Vitruvs vollkommen gelten läfst, dieselben auf die

---

[1]) Nissen, Pompejanische Studien, S. 676.
[2]) Jacobi, Das Römerkastell Saalburg, S. 258, 225, 122, 96. — Wilmowsky
die römischen Moselvillen, S. 40. Villa bei Wiltingen.
[3]) Jacobi, Das Römerkastell Saalburg, S. 249, 248, 254.

in Pompeji vorgefundenen Unterkellerungen anwenden zu müssen.

Mit gleichem Recht, als angenommen wird, daſs Vitruv die Hypokaustenheizung kannte, demselben aber die Fälle, wo solche mit Wandheizung verbunden war, unbekannt geblieben seien, kann angenommen werden, daſs Vitruv die Trockenlegung der Wände durch Tubulation bekannt war, jedoch die Trockenlegung der Fuſsböden in Verbindung mit der Tubulation unbekannt geblieben sei.

Kapitel 11.

Zweck der Unterkellerung und Tubulation. Heizung ausschlieſslich durch Kohlenbecken.

Durch die in vorstehenden Kapiteln angegebenen Gründe glaube ich den Beweis erbracht zu haben, daſs weder in den Unterkellerungen der pompejanischen Bäder, noch in deren Wandhöhlungen jemals Heizgase cirkuliert haben können.

Es ist diese Erkenntnis dem Archeologen um so wichtiger, als die pompejanischen Bäder mit Recht vorbildlich zur Ergänzung der an anderen Stellen gefundenen meist viel unvollständigeren Reste römischer Bauten sind. Für den Heizingenieur ist die Erkenntnis insofern von Wert, als sie denselben berechtigt, die oft gestellte Zumutung nach dem Modell[1]) der pompejanischen Heizungen zu bauen, mit Erfolg zurückweisen zu können und — vor der Versuchung zu bewahren, nach altrömischer vermeintlich bewährter Methode zu bauen.

Es drängt sich aber weiter die Frage auf, zu welchem Zweck wurden die kostspieligen Umbauten der Baderäume in Pompeji

---

[1]) F. v. Duhn u. L. Jacobi, Die griechischen Tempel in Pompeji, S. 35. — W. Schreiner, Eining und die Römerausgrabungen, 1886, S. 35. Die herrlichste und einzig gesunde Luftheizung. — J. Berger, Moderne und antike Heizungs- und Ventilationsmethoden, S. 4. Wenn wir es zu einiger Vollkommenheit in Heizung und Ventilation bringen wollen, müssen wir unbedingt zu den Prinzipien der Alten zurückkehren.

vorgenommen, wenn dieselben nicht als sog. Hypokausten dienten? Meine Antwort lautet: weil die Wände und Böden dieser Räume trocken gelegt werden mufsten.

Dafs die Trockenlegung des Bodens und der Wände in einem Baderaum, in welchem nach Vitruvs Darstellung das Wasser von der Decke auf die Köpfe der Badenden tropfte[1]), sehr nötig war, können wir heute noch am besten an den primitiv gebauten russischen Dorfbadestuben sehen, deren Wände meistens ganz durchfeuchtet sind. Auch L. Vetter (Moderne Bäder S. 61) sagt in der Beziehung:

> »Unsere schönsten Anstalten gleichen in wenigen Jahren
> Ruinen, wenn es mit dem Schutz gegen Wasser und Dampf nicht
> genau genommen wurde. Wer das reizende Römerbad in Wien
> bei der Eröffnung gesehen und es heute wiedersieht, wird sich
> Rechenschaft davon ablegen, was der Verfasser meint.«

Dafs eine Trockenlegung von Wand und Decke durch Tubulation bezweckt und erzielt wurde, ist ohne Zweifel. Nissen (Pompej. Studien S. 69) sagt hierauf bezüglich:

> »Vitruv setzt also (VII. 4, 2) auseinander, wie eine Wand,
> welche von Feuchtigkeit zu leiden hat, mit Ziegeln verkleidet
> werden soll. Er spricht allerdings nicht von Baderäumen, aber
> dafs auf solche die geschilderten Bedingungen im vollstem Masse
> zutreffen, liegt auf der flachen Hand. Dafs Plinius wie Vitruv
> solche Ziegelplatten, wie sie uns in den Stabianer Thermen und
> häufig sonst begegnen, gemeint haben, unterliegt nicht dem min-
> desten Zweifel.«

Auch stimmen hiermit die weiteren Angaben Vitruvs (V. 10, 3):

> »Wenn diese Gewölbedecken in den heifsen Bädern doppelt
> gemacht werden, so werden sie noch gröfsere Zweckmäfsigkeit
> haben; denn es wird dann die vom Dampf herrührende Feuch-
> tigkeit das Holz des Balkenwerkes nicht verderben, sondern sich
> zwischen den beiden Gewölbedecken verziehen.«

Jacobi meint (Römerkastell Saalburg S. 144):

> »Verschiedene Werkweisen der Römer sind in weitere Kreise
> getragen worden und haben mit Erfolg wieder Anwendung ge-

---

[1]) Vitruv, Buch VIII, 2, 4.

funden; ich erwähne nur die Verblendung feuchter Mauern mit Hakenziegeln.«

Und weiter S. 288:

»Dafs in dieser Weise verkleidete Wände (mit Tegulae hamatae) nicht allein die Räume trocken, sondern im Winter auch warm und im Sommer kühl erhalten, bedarf keiner weiteren Darlegung. In Pompeji sind die Wände in den Stabianer Thermen fast ebenso verblendet, nur haben die Ziegel an Stelle eckiger runde Stollen.«

Es unterliegt somit keinem Zweifel, dafs durch die Tubulation der Wände in den pompejanischen Bädern, indem hierdurch die Mauern trocken gelegt wurden, eine bedeutende Verbesserung der Bauanlage erreicht wurde, wodurch auch die nachträgliche Vornahme dieses Umbaues hinreichend motiviert wird. Diese Erklärung der Bestimmung der Tubulation in den pompejanischen Bädern stimmt, wie gezeigt, auch vollkommen mit den Angaben Vitruvs und ist deren Herstellung vollkommen motiviert, auch wenn dieselbe nicht zu Heizzwecken verwandt worden ist, von welcher Verwendungsweise auch Vitruv nichts bekannt gewesen ist.

Die Isolierung durch Warzenziegel fand bei den Römern nicht allein in Baderäumen statt, es wurde diese Einrichtung auch gebraucht, um Gemälde vor Mauerfeuchtigkeit zu schützen, so sind die Malereien des Porticus vom Venustempel in Pompeji gröfstenteils auf einer Lage von Warzenziegeln gemalt.[1]) Ein ähnliches Verfahren wurde, nachdem die direkt auf die massive Wandfläche gemalten Bilder der Isaakskathedrale in Petersburg durch Feuchtigkeit stark beschädigt worden waren, für die später in der Erlöserkirche in Moskau ausgeführten Gemälde zur Anwendung gebracht.

Im Beginn des ersten Jahrhunderts v. Chr. wurde von Sergius Orata die suspensurae oder pensiles erfunden, das ist schwebende Böden. In die Sprache der Bautechnik übersetzt »Unterkellerungen«.

Nirgend aber ist davon die Rede, dafs der Gegenstand der Erfindung des Sergius Orata eine verbesserte Heizmethode zum Gegenstande gehabt habe.

---

[1]) Nissen, Pompeji, S. 216.

Wer sich den Zustand vorstellt, in welchem sich die Fufsböden der Bäder vor Erfindung und Anwendung der Unterkellerungen bei gleichzeitig durchfeuchteten Wänden befunden haben
mögen, wird die Wichtigkeit, welche der Erfindung der Unterkellerung durch Sergius Orata von dessen Zeitgenossen beigelegt wurde,
verständlich finden. Auf die Böden des Caldariums tropfte nicht
nur Wasser von der Decke herab, auch der Überlauf des Labrums
und der Wanne und alles Waschwasser lief direkt dem Boden zu.
Die Wanne selbst konnte auch nur nach diesen Boden hin ent-
leert werden.

Bei den unvermeidlichen Undichtigkeiten eines solchen Stein-
bodens sickerte das Schmutzwasser in die Fugen und den Unter-
grund und verursachte die ungesunde Durchfeuchtung der ganzen
Umgebung. Wir können uns heute den Fufsboden eines nur
einigermafsen solid ausgeführten Hauses nicht anders als unterkellert vorstellen, wie viel nötiger war eine Unterkellerung jedoch
für die fortwährend mit Wasser überschwemmten Fufsböden der
altrömischen Bäder.

Für wie wichtig die Römer überhaupt eine Entwässerung
hielten, geht auch daraus hervor, dafs in der Saalburg jeder elende
Keller der bürgerlichen Ansiedlung[1]) einen besonderen Entwässe-
rungskanal aufweist, und auch an anderen Stellen[2]), wie z. B. an
dem Bau des Kaiserpalastes in Trier, ist die Wahrnehmung gemacht
worden, dafs der Entwässerung des Bodens seitens der römischen
Baumeister eine besondere Sorgfalt gewidmet wurde.

Nur um dem Wasser einen regelrechten Abflufs zu sichern,
ist der Boden der Unterkellerung mit Ziegelplatten gepflastert, welche
mit geringer Neigung nach der Öffnung im Fundament der Um-
fangsmauer verlegt sind. Irgend welchen Einflufs auf das leichtere
Durchstreichen der Flamme unter dem schwebenden Fufsboden

---

[1]) Jacobi, Römerkastell Saalburg, S. 115. — Interessant ist die Entwässerung der Keller, es hat nicht allein jeder einen Kanal zur Trockenlegung
des Fufsbodens, sondern auch die Fundamente sind damit verbunden, um den
Bau trocken zu halten.

[2]) Seyfarth, Der römische Kaiserpalast in Trier, S. 10. Bei der Erbauung des Palastes haben die Römer grofse Sorge getragen, das Gebäude gegen
die aufsteigende Feuchtigkeit zu schützen.

hätte, wie Vitruv behauptet[1]), eine so geringe, für den Wasser-
ablauf aber hinreichende Neigung des Bodens niemals ausüben
können. Die Ziegelpfeiler sind in Kalk verlegt, was für eine Unterkellerung richtig, für ein Hypokaustum jedoch unzulässig gewesen
sein würde.

Wenn Vitruv nur die ganz ausnahmsweise stattgehabte Verwendung der Unterkellerung als Hypokaustum zur Sprache bringt,
ohne über die Unterkellerung selbst und deren Wichtigkeit für die
Entwässerung sich zu äufsern, so erklärt sich dies daraus, dafs er
überhaupt alle um oder unter dem Boden liegenden Bauteile fast
vollständig ignoriert.

So sagt Nissen über Vitruv[2]):

»Der gute Mann erzählt dem Augustus viele seltsame und
überflüssige Dinge; von denjenigen Nutzbauten, in welchen die
Römer das Höchste leisteten, von Brücken, Strafsen, Wasserleitungen
schweigt er geheimnisvoll wie das Grab.«

Es wäre hinzuzufügen, dafs Vitruv ebenso über Kanalisation,
Errichtung der Wasserheizkessel, der Kohlenbeckenheizungen, Küchen-
einrichtungen, Aborte u. dgl. vollständig schweigt.

Selbst Reber[3]) rügt die Undeutlichkeit und Ausdrucksschwäche
Vitruvs. Nissen[4]) findet ihn sklavisch abhängig von seinen
Quellen, und bedauert die Beschränktheit seines Blickes und Kurt
Merkel[5]) meint, dafs von jedem Leser bemerkt werden müfste,
dafs Vitruv nicht immer zutreffende Lehren und Ansichten aus-
spricht.

Nach alledem sollte die Thatsache, dafs Vitruv über die
Unterkellerung als solche nichts geschrieben hat, nicht allzusehr
ins Gewicht fallen und sollten überhaupt alle Angaben Vitruvs
und der ihm nachschreibenden römischen Autoren[6]) nur mit gröfster
Vorsicht behandelt werden. Im übrigen sollte man aber mit
Vitruv nicht allzu scharf ins Gericht gehen. Gibt es ja noch

---

[1]) Vitruv, 5, 10, 2.
[2]) Nissen, Pompejanische Studien, S. 519.
[3]) Reber, Übersetzung d. Vitruv, Vorwort S. VII.
[4]) Nissen, Pompejanische Studien, S. 25.
[5]) Kurt Merkel, Die Ingenieurkunst im Mittelalter, S. 435.
[6]) Reber, Übersetzung d. Vitruv, S. 49 Anmerkung.

heute Schriftsteller in diesem Fach, welche nicht weniger als Vitruv die vorhandenen Thatsachen aufser acht lassen und für welche die Gesetze der Physik ebensowenig vorhanden sind.

Sobald nun feststeht, dafs die Unterkellerung in den pompejanischen Bädern niemals Heizzwecken gedient hat, ergibt sich auch ganz zwanglos die Bedeutung der dort vorgefundenen Einrichtungen, und ist es nicht mehr erforderlich, unauffindbare Schornsteine zu suchen.

Die von dem Unterfeuerungsraum unter den Wasserkessel nach den Unterkellerungen führenden vermeintlichen Heizkanäle sind Kanäle, in welchen die Wasserleitungsröhren aus den Kesseln nach den Wannen und nach dem Labrum geführt werden. Der teilweise noch erhaltene Unterbau des Labrums der Männerseite in den Stabianer Thermen und in der Frauenabteilung der Forumsthermen lassen deutlich erkennen, dafs die Zuführung des Wassers zu denselben von der Unterkellerung aus stattgefunden hat.

Im Caldarium der Frauenabteilung der Stabianer Thermen, wo sowohl die Wanneninnenflächen als auch die Wand- und Bodenflächen um die Wanne herum noch heute vollkommen erhalten sind, ist keine Spur einer Wasserzuleitung zur Wanne zu entdecken. Die Wasserzuleitung kann auch hier nur in dem unter dem Boden, durch den von der Unterfeuerung des Wasserkessels nach der Wanne führenden gemauerten Kanal verlegt gewesen sein und ist wahrscheinlich direkt am Boden des an die Wanne angesetzten Metallkessels (Fig. 22) bewerkstelligt worden.

Es erklärt sich nunmehr auch ganz zwanglos die Bedeutung des Kanales (Fig. 31), welcher beginnend unter dem Boden des dritten Kaltwasserkessels nach dem Hohlraum unter dem Boden des Caldariums des Männerbades der Forumsthermen führt. Auch dieser Kanal war ein Rohrkanal. Die Annahme von Overbeck-Mau[1]), dafs durch diesen Sackkanal von der Unterkellerung aus das Wasser in dem Kessel mäfsig erwärmt worden sei, ist selbst dann unzulässig, wenn die Unterkellerung wirklich als Hypokaustum gedient hätte. Unter solchen Umständen kann durch heifse Luft niemals Wärme übertragen werden.

---

[1]) Overbeck-Mau, Pompeji, S. 212.

Die in Pompeji von den Feuerräumen unter den Wasserkesseln ausgehenden gemauerten Rohrkanäle, welche nach den Unterkellerungen der Baderäume führen, haben aufserdem noch den Zweck, dafs durch dieselben Luft angesaugt wurde. Die durch dieselben vermittelte Luftcirkulation in den Hohlräumen der Wände und den Unterkellerungen war der Trockenhaltung derselben sehr förderlich. Auch heute gebrauchen wir ähnliche Vorrichtungen für denselben Zweck, indem wir die Räume unter dem Fufsboden mit einem Auszugsschornstein in der Mauer in Verbindung setzen.[1]

Es ist nun auch nicht mehr nötig, die gewöhnliche Maueröffnung bei *K* (Fig. 30), welche von dem Korridor hinter dem Tepidarium der Männerabteilung der Stabianer Thermen nach der Unterkellerung unter der Wanne des Tepidariums führt, als einen Feuerraum anzusehen[2] oder, wie v. Röfsler[3] es thut, dieselbe zu einem Lockfeuer zu stempeln, obgleich ein zu einem Lockfeuer notwendigerweise gehörender Lockkamin dort nicht zu finden ist.

Alle diese Öffnungen in dem Fundamentmauerwerk und auch verschiedene in dem oberen Mauerwerk aufgefundene Öffnungen und Kanäle dienten zur Beförderung der Luftcirkulation und dann der Trocknung in den Hohlräumen der Wände und in der Unterkellerung der Böden.

Ist somit klargestellt, dafs in den pompejanischen Bädern weder die Unterkellerung noch die Tubulation der Wände Heizzwecken gedient hat, so ist zu erörtern, auf welche Weise nach Einrichtung der Unterkellerung und Tubulation die Bäder beheizt wurden.

Ich beantworte diese Frage dahin, dafs die Bäder die kurze Zeit ihres Betriebes nach Einrichtung der Unterkellerung durch Holzkohlenbecken beheizt wurden, wie dies auch Jahrhunderte lang vorher, wie von niemanden bezweifelt wird, in gleicher Weise ge-

---

[1] v. Esmarch, Hyg. Taschenbuch, II, S. 53. Zweckmäfsig ist oben und unten in den Isolierschichten Öffnungen zur Verbindung mit der Aufsenluft auszusparen, welche zur Ventilation dienen können und dann am besten in einen Kanal neben einen Schornstein münden.

[2] Overbeck-Mau, S. 227.

[3] Westdeutsche Zeitschr. IX, 260.

schehen war. Die Vorstellung, dafs eine andere Heizeinrichtung[1])
deshalb erforderlich erscheinen mufste, weil durch die Heizung mit
Kohlenpfannen die Wände durch Rauch und Rufs beschmutzt
worden seien[2]), wird am besten durch die Thatsache widerlegt,
dafs, nachdem die Unterkellerungen in den pompejanischen Bädern
bereits eingerichtet waren, das Männer-Tepidarium der Forumsbäder,
das am reichsten dekorierte Gemach, welches in dieser Beziehung
alle anderen Abteilungen dieser Thermen übertraf[3]), ohne allen
Zweifel auch nach dem Umbau durch Kohlenpfannen erheizt wurde.
Gerade in diesem Gemach wurde das jetzt noch dort aufgestellte,
seiner Zeit von Nigidus Vaccula gestiftete grofse eherne Kohlenbecken
aufgefunden.

Wie wir bei Besprechung der in der Saalburg vorhandenen
Hypokaustenluftheizung (S. 47) gesehen haben, sind faktisch Unter-
kellerungen, die Erfindung des Sergius Orata, auch zu Heizzwecken
benutzt worden, ganz in der von Vitruv 5. 10. beschriebenen
Weise. Doch bilden solche Ausführungen nur eine seltene Aus-
nahme und sind ganz verschieden von der für die Wirkung der
Hypokausten in Pompeji angenommenen Weise, welch letztere als
Hypokaustenbodenwandheizungen angesehen worden sind.

Auch die Auffassung, dafs eine hinreichend hohe Temperatur
durch Kohlenbeckenheizung in den Baderäumen nicht zu erreichen
gewesen sei[4]), ist bereits bei Besprechung der Leistungsfähigkeit
von Holzkohlenbecken als eine nicht zutreffende nachgewiesen
worden.

· Die vermeintliche Einrichtung der Heizvorrichtungen in den
pompejanischen Bädern hat im Verein mit dem fälschlich für ein
Dokument gehaltenen, angeblich aus den Bädern des Titus stammenden Gemälde (Fig. 1), ein römisches Bad darstellend, zur Grundlage des Verständnisses aller derartigen Badeanlagen auch an anderen
Orten gedient[5]). Die bei diesen Anlagen verhältnismäfsig gering-

---

[1]) Overbeck-Mau, Pompeji, S. 230.
[2]) Vitruv, 7, 3, 4. — Desgl. 7, 44.
[3]) Overbeck-Mau, Pompeji, S. 206.
[4]) Nissen, Pompejanische Studien, S. 147.
[5]) Overbeck-Mau, S. 199.

fügigen vorgefundenen Baureste wurden nach Analogie und in der fälschlichen Auffassung der pompejanischen Heizeinrichtnngen ergänzt.

Wenn nun diese beiden Grundlagen, wie nachgewiesen, nicht mehr existieren, wird es erforderlich sein, in eine Revision der Auffassung der Heizeinrichtungen auch an anderen Stellen als in Pompeji einzutreten.

Es erscheint bei vorurteilsloser Umschau als äußerst wahrscheinlich, daß Hypokaustenbodenwandheizungen in der Weise, wie solche in Pompeji bis jetzt gedacht waren, überhaupt nirgends nachweisbar sind. Es könnte eine derartige Einrichtung, wie die rechnerische Untersuchung (S. 77) gezeigt hat, auch nur für Räume allerkleinster Dimension für ausführbar erachtet werden und selbst dann bliebe die Frage ungelöst, in welcher Weise die die hohlen Wandziegel oder den Wandzwischenraum durchströmenden Heizgase an den Heizflächen cirkulierten und wie dieselben ins Freie geleitet werden sollten.

Räume von bedeutender Ausdehnung aber, man denke nur an die Caldarien und Tepidarien der Bäder des Caracalla in Rom, wo sich auch Reste von Wandziegeln und wahrscheinlich unterkellerte Böden vorfinden, konnten weder durch Hypokaustenbodenwandheizung, noch auch durch Hypokaustenluftheizung oder Kanalheizung erwärmt werden. Alle diese gewaltigen Räume wurden aber durch große Holzkohlenbecken ohne alle Schwierigkeiten erheizt.

Auffallend ist es, daß an keiner Stelle bei den Ausführungen neuer Heizeinrichtungen nach den vermeintlichen Prinzipien der Alten eine Feuerluftheizungseinrichtung auch nur für den Boden versucht worden ist. Die Hypokausten derartiger Bodenheizungen, wie z. B. in dem Krankenhause zu Eppendorf bei Hamburg, sind nicht mit Rauchgasen erfüllt, sondern mit Dampf- oder Wasserheizröhren durchzogen. Eine Wandheizung ist dort überhaupt nicht vorhanden, wohl aber eine Hilfsheizung im Innern des Raumes. An diesen Stellen, wo es an Mitteln nicht gefehlt hat, hütete man sich wohl, die als ideal gepriesenen vermeintlichen Einrichtungen pompejanischer Heizungen zu kopieren. Ein vollständiger Mißerfolg würde eine derartige Kopie betroffen haben.

Mit dem Nachweis, dafs die Unterkellerungen der pompejanischen Baderäume Heizungszwecken nicht gedient haben, fallen
aber auch die besonders gepriesenen enormen Vorteile, welche dieser
Heizmethode angedichtet[1]) worden sind und in dem Ausspruch
gipfeln: »Füfse warm, Kopf kalt«. Die wirklichen altrömischen
Heizungen haben bezüglich der Gleichförmigkeit der Wärmeverteilung in den Räumen vor unseren jetzt ausgeführten besseren
Einrichtungen nichts voraus gehabt, und der versuchte Beweis, wie
ihn Dr. J. Berger[2]) zu führen meinte, »dafs die Alten in ihrem
einfachen ungetrübten Natursinn besser geheizt und ventiliert haben,
als wir es thun, mufs als gänzlich mifslungen, und sein guter Rat,
dafs wir, wenn wir es zu einiger Vollkommenheit in diesem Kapitel
bringen wollen, unbedingt zu den Prinzipien der Alten zurückkehren
müssen, als ein recht schlechter bezeichnet werden.

Kapitel 12.

Leitsätze als Resultat der Untersuchungen.

Als Resultat der vorstehenden Untersuchungen lassen sich
folgende Sätze aufstellen:

1. Die Beheizung der Wohnräume und der Bäder geschah
   bei den alten Römern, auch nach der Erfindung der
   Unterkellerung durch Sergius Orata, fast ausschliefslich
   durch im Raum selbst aufgestellte Holzkohlenbecken.

   Es war möglich, mit dieser Heizmethode selbst die
   gröfsten Räume ausgiebig, ohne Rauch, Rufs und ohne
   Schaden für die Gesundheit, zu erheizen.

   Für Wohnräume gewöhnlicher Dimension war ein
   tellergrofses Holzkohlenbecken, selbst in den nördlichst
   gelegenen Provinzen ausreichend.

---

[1]) W. Orschiedt, Die Heizung im Altertum. — Blätter für das bayer.
Realschulwesen, V. Bd., V. Heft, S. 221 (1885).

[2]) Dr. J. Berger, Moderne und antike Heizungs- und Ventilationsmethoden, S. 3.

2. Nur ausnahmsweise, wenn ein Kohlenbecken im Innern des Raumes nicht zulässig erschien, oder zu besonderen Zwecken, kam eine Hypokausten-Massenofen-Luftheizung zur Verwendung mit aufserhalb des Gebäudes liegender Holzkohlenfeuerung. — Auf solche Weise konnten aber nur kleinere Räume und nur je ein Raum von einer Feuerung aus beheizt werden. Die Bodenfläche selbst wurde nicht als Wärmequelle benutzt.

3. Bei mehr provisorischen, gewöhnlich nur Befestigungszwecken dienenden Bauten und da, wo Holzkohlen nicht zu haben waren oder deren Fabrikation noch nicht eingerichtet war, wurden auch Kanalheizungen mit aufserhalb des Gebäudes liegenden Holzfeuerungen zur Ausführung gebracht. Mit Kanalheizungen konnten ebenfalls nur kleinere Räume und immer nur je ein Raum von einer Feuerung beheizt werden.

4. Hypokausten-Boden-Wandheizungen in der Weise, wie solche bis jetzt vermeintlich in den pompejanischen Bädern vorhanden gedacht waren, sind weder dort noch an anderen Stellen nachweisbar, und ist es deshalb eine irreführende Unsitte, sobald bei einer Ausgrabung ein durch niedrige Säulen unterkellerter Fufsboden oder eine Wandverkleidung durch tubi oder Tegulae mamatae aufgefunden worden ist, von der Aufdeckung einer Hypokaustenheizung zu berichten.

5. Das Wasser für die Bäder wurde ausschliefslich in metallenen Kesseln erwärmt. Die Erwärmung oder auch nur Warmhaltung des Badewassers durch Unterfeuerung gemauerter mit Marmorplatten ausgelegter Badewannen hat nirgends stattgefunden und nirgends stattfinden können.

6. An keiner Stelle wurde der Zwischenraum in den Wänden und Decken, die Tubulation, von Heizgasen durchzogen zwecks Beheizung des Innenraumes. — Diese Einrichtung diente ausschliefslich zum Trockenhalten der Wände.

7*

Kapitel 13.

Schlußbetrachtungen.

Anwendung der Resultate der Untersuchungen auf verschiedene römische Baureste.

Wenn vorstehende Leitsätze bei der Erklärung der uns bekannten altrömischen Baureste in Anwendung gebracht werden, ergeben sich Anschauungen über die ursprüngliche Bestimmung derselben, welche in vielen Punkten von den jetzt geltenden Anschauungen abweichen.

Es möge mir gestattet sein, einige Beispiele für obige Behauptungen an von mir besichtigten Römerbauten aufzuführen. Der Kürze halber beziehe ich mich auf die Zeichnungen und Erklärungen der jeweils angegebenen Specialbeschreibungen.

Pompeji.
(Centralthermen. O v e r b e c k - M a u, Pompeji, S. 233—238.)

Außer den auf S. 115—137 und S. 55 bereits detailliert begründeten abweichenden Ansichten über die Beheizung der Bäder der Stabianer- und der Forumsthermen, sowie der Badeanlage in der Villa rustica bei Boscoreale — gilt für die zur Zeit der Verschüttung noch im Bau begriffene Centralthermenanlage, dasselbe wie für vorgenannte Bäder.

Die Beheizung sämtlicher Räume auch des Caldariums sollte durch Holzkohlenpfannen stattfinden, die Unterkellerung und die Hohlwände dienten nur zur Trockenhaltung. Die Nischen in dem runden Raume (r)[1] des Laconicum haben wahrscheinlich zur Aufstellung von Holzkohlenpfannen gedient.

Römerkastell Saalburg.
(Das Römerkastell Saalburg bei Homburg v. d. H., von L. J a c o b i, Taf. VIII.)

S. 263 sagt Jacobi über das auf Fig. 35 dargestellte Soldatenbad:
»Der Bau der durch eine massive Wand in zwei Teile getrennt ist, der südliche, war nach dem Vorgefundenen ein Wasser-

---

[1] O v e r b e c k - M a u, Pompeji, S. 237.

bad und kann für laue und warme Bäder benutzt worden sein,
er würde dem Caldarium und auch dem Tepidarium entsprechen.
— Meines Erachtens dürfte es bei dieser Anlage Schwierigkeiten

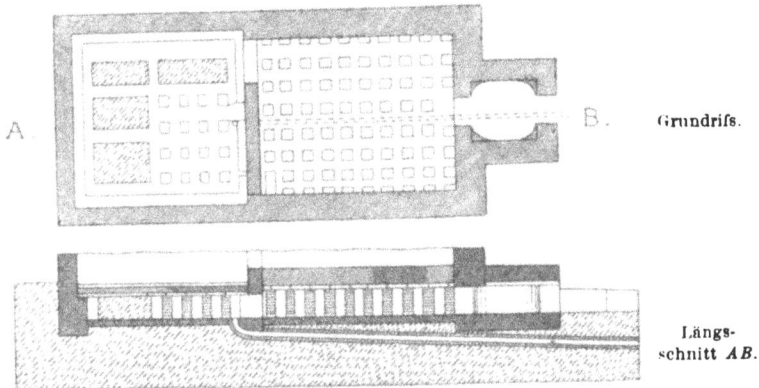

Fig. 35. Soldatenbad im Römerkastell Saalburg.

gehabt haben, das Wasser stark zu erwärmen, da das Feuer von
dem Praefurnium aus einen weiten Weg zurückzulegen hatte;
doch ist es mit einem guten Holzkohlenfeuer, das, nach den
Einrichtungen zu schliefsen, auch hier zur Anwendung kam, nicht
gerade unmöglich gewesen, im Bedarfsfalle höhere Wärmegrade
zu erzielen. Dieses zuletzt besprochene Warm- oder Lauwasserbad
liegt 50 cm tiefer als der nördlich daranstofsende Raum und ist
mit diesem durch eine Thüröffnung verbunden; man kann ihn
wohl als Schwitzbad (Laconicum) annehmen. Der 50 cm starke,
durch Ziegelpfeiler getragene Estrichboden, nahm die direkt vom
Feuerherde kommende Hitze in sich auf und konnte sicherlich (?) so stark erwärmt werden, dafs das über ihm liegende,
nach allen Seiten dicht geschlossene Gemach, das wohl nur
kümmerlich durch kleine Glasfenster beleuchtet war, heifs genug
wurde, um als Schwitzbad dienen zu können.«
Ganz abgesehen davon, dafs auch bei dieser Anlage jede Spur
einer für vorstehend beschriebene Wirkungsweise der Heizung
absolut erforderlichen Schornsteinanlage fehlt, so ist es auch, wie
bereits früher erörtert, als gänzlich ausgeschlossen zu betrachten,
was Jacobi ja auch sehr reserviert nicht gerade für unmöglich hält,

dafs das Wasser der Wanne durch unter dem steinernen Wannen-
boden von 50 cm Dicke geführte Rauchgase erwärmt werden konnte.

Schon die rundliche Form des erhaltenen Feuerungsraumes
deutet an, dafs über demselben ein Wasserkessel angebracht war.
Das heifse Wasser wurde in der Unterkellerung unter dem Boden
durch Röhren dem Caldarium zugeleitet. Die Räume selbst, auch
das Laconicum, wurden durch aufgestellte Holzkohlenpfannen erwärmt, wie die Römer dies in ihrer Heimat gewohnt gewesen
waren.

Holzkohlen aber waren in der Saalburg, wie die Reste einer
grofsen Anzahl von Meilerplätzen beweisen, hinreichend vorhanden.[1]

Die Villa bei der Saalburg. (Fig. 36.)
(Jacobi, Das Römerkastell der Saalburg, S. 117—122, Taf. V, XIII, XV.)

Nach vorstehend Dargelegtem kann die Erwärmung im Winter
nur durch Holzkohlenpfannen stattgefunden haben, da auch hier

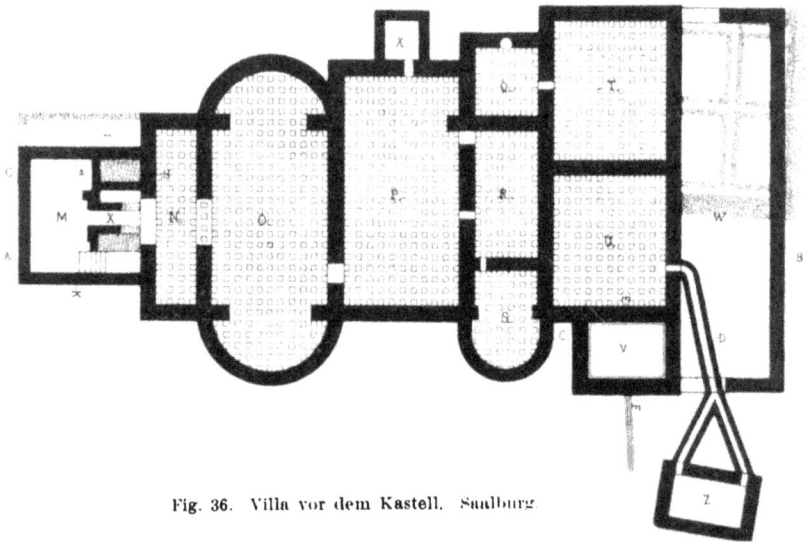

Fig. 36. Villa vor dem Kastell. Saalburg

eine gröfsere Schornsteinanlage nicht vorhanden ist und die ausgedehnten acht unterkellerten Räume unmöglich von einer oder
auch zwei Heizungen (x) (Fig. 36) aus, als Hypokaustenheizungen

---

[1] Jacobi, Römerkastell d. Saalburg, S. 248.

durch erwärmte Bodenflächen beheizt worden sein können. Die Böden waren unterkellert, wie wir es jetzt auch bei jedem soliden Bau thun, und wie es bei der römischen Villa im Quellengebiet von Homburg auch der Fall ist.

Der Kanal *D* und das Reservoir *Z* (Fig. 36) hatten augenscheinlich den Zweck, das nach dem Boden der Unterkellerung durch undichte Stellen des Fußbodens oder sonstwie gelangende Wasser durch den Kanal *D* der Versitzgrube *Z* zuzuführen.

Auch das nach J a c o b i (S. 119) einem älteren Bauwerk zugehörende, unter einem Teil der Vorhalle sich befindende Hypokaustum, auf Fig. 36 eingezeichnet, würde ich vorziehen, als Unterkellerung zu bezeichnen.

Die Basilika in Trier.
(Zu den römischen Altertümern von Trier und Umgegend, von Felix H e t t n e r.)

H e t t n e r schreibt (S. 30) bezüglich der ursprünglichen Heizeinrichtung dieser Baues:

»Dagegen waren die Meinungen über die Bedeutung dieser Pfeileranlage (unter dem steinernen Estrich) geteilt. Schmidt und die Architekten des Restaurationsbaues hielten sie für eine Feuerungsanlage unter Hinweis auf die Öffnungen, welche sich in der Mitte der Westwand und in der Nordwand neben den Wendeltreppen befinden; da sie mit Lavasteinen eingefaßt seien, könnten sie nur als Präfurnien gedient haben.

Von anderer Seite, der auch W i l m o w s k i beitrat, wurde diese Pfeilerstellung nur als eine T r o c k e n l e g u n g angesehen, da die Pfeilerchen nicht überall in gerader Linie standen und nicht zu Heizkanälen verbunden waren, da ferner keine Abzüge für den Rauch, und nicht genügende Zuzüge für frische brennbare Luft vorhanden und endlich der Fußboden in der Vorhalle in gleicher Weise konstruiert gewesen sei.«

Nach unseren bisherigen Darlegungen kann es keinem Zweifel unterliegen, daß der Zweck der Unterkellerung der Basilika einzig die Trockenhaltung des Gebäudes war.

Die Anwesenheit von Lavablöcken außen an Mauerdurchbrechungen als Einfassung, könnte nur dann auf einen Heizraum,

wie es geschieht, gedeutet werden, wenn auch das Innere des
vermeintlichen Feuerraumes, wo die Hitze am stärksten gewesen
sein müfste, in feuerfestem Material ausgeführt wäre, was hier nicht
der Fall ist.

Es war mir aufserdem nicht möglich, die von Hettner gefundenen[1]) deutlichen Spuren von Brand an den dortigen Lavablöcken festzustellen.

Hettner ebenda findet selbst, dafs die Aufmauerung der
Pfeilerchen und deren Bewurf in Kalkmörtel gegen eine Verwendung
dieser Pfeilerchen innerhalb einer Heizung sprechen, da die Römer
für diesen Zweck sich meistens nur des Lehmes bedienten, doch
legt er diesem Einwurf aus dem Grund keine weitere Wichtigkeit
bei, weil in den Trierschen Thermen von St. Barbara innerhalb
der (vermeintlichen) Hypokausten an den Pfeilerchen und an den
Wänden ebenfalls Kalkmörtel zur Verwendung gekommen sei. Er
hätte folgern müssen, wie ich es thue, dafs auch die vermeintlichen
Hypokausten bei den Thermen von St. Barbara nicht zu Heizzwecken benutzt worden sein können. Die Römer verlegten und
verputzten das Innere von Heizungen in Lehm anstatt in Kalkmörtel,
nicht weil es bei ihnen so hergebracht war, sondern weil jeder in
Kalkmörtel verlegte Feuerraum in kürzester Zeit unbrauchbar geworden wäre.

Irgendwelche Spuren eines Schornsteines, welcher bei der Beheizung eines Raumes durch Hypokaustenfeuerung bei 56 m Länge,
28 m Breite und entsprechender Höhe absolut erforderlich ist, und
in grofsen Dimensionen ausgeführt sein müfste, sind nicht aufgefunden worden.

Die Thermen von St. Barbara bei Trier. (Fig. 37.)
(Hettner, Zu den römischen Altertümern von Trier und Umgegend, S. 53—76.)

Da Hettner nur die Räume, welche unterkellert sind, für
heizbar hält (S. 57), nimmt er an, dafs der Raum A (Frigidarium),
welcher 11 Badebassins enthält, nicht heizbar gewesen sei.[2])

---

[1]) Hettner, Zu den römischen Altertümern von Trier und Umgegend, S. 30.
[2]) Hettner, Zu den römischen Altertümern von Trier, S. 59. »Der Raum A
kann nur als Frigidarium, als der Prachtraum für die kalten Bäder gedacht

Halte ich es schon für unwahrscheinlich, dafs die Apodyterien und Frigidarien der pompejanischen Bäder im Winter nicht beheizt worden seien, so ist es meiner Meinung nach ganz ausgeschlossen,

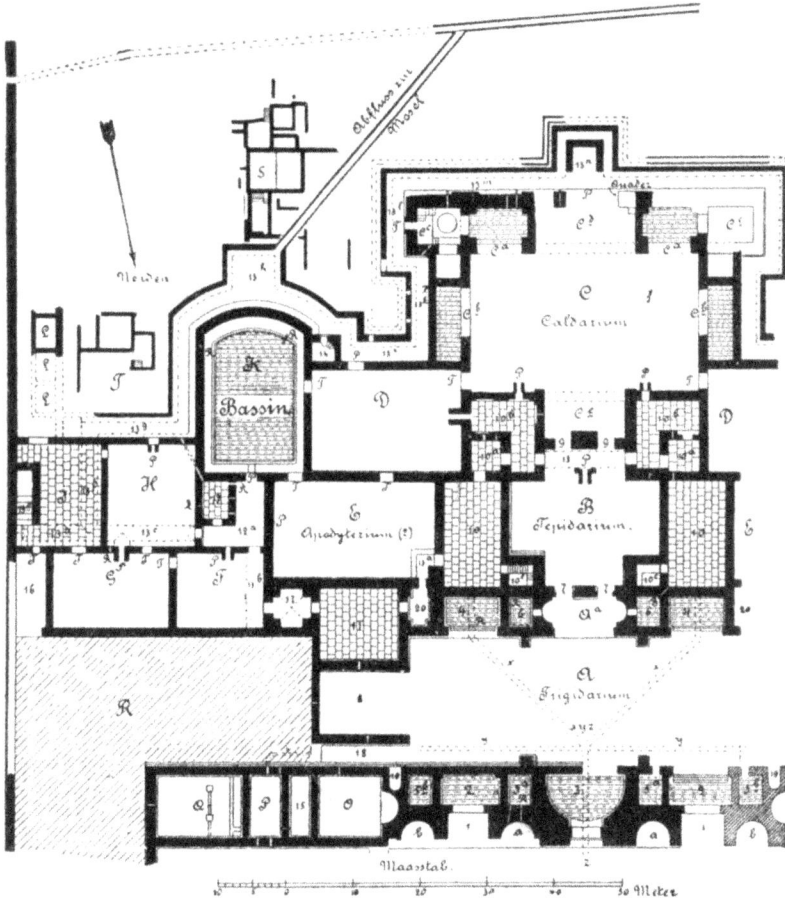

Fig. 37. Grundrifs der Thermen bei St. Barbara in Trier.

dafs bei dem Klima von Trier, welches zu römischen Zeiten kaum milder gewesen sein wird als jetzt, im Winter in ungeheizten Räumen gebadet werden konnte. Das Frigidarium — A — konnte

werden, da er nicht heizbar war und auch die Bassins nur kaltes Wasser enthalten haben können.‹

aber ohne Schwierigkeit mit einigen Holzkohlenpfannen von der in Pompeji aufgefundenen Gröſse, wie solche Nigidius Vaccula gestiftet hat, beheizt werden, wie die Versuche über die Leistungsfähigkeit von Kohlenbecken auſser Frage stellen.

Hettner (S. 61) sagt bezüglich der vermeintlichen Hypokausten unter den Badebassins:

»Die Hypokausten unter den Badebassins mögen eine genügende Hitze entwickelt haben, um zugeführtes warmes Wasser warm zu erhalten, aber sie waren sicher nicht im stande, kaltes Wasser zu erwärmen.«

Bereits im Kap. 4 S. 32 habe ich dargelegt, daſs eine Feuerung unter dem gemauerten Boden eines Wasserbassins schon deshalb nicht als vorhanden erachtet werden kann, weil derselbe unfehlbar durch die ungleiche Erwärmung von unten, Sprünge erhalten muſste, wodurch das Bassin bei dem ersten Anheizen gänzlich untauglich gemacht worden wäre. Es ist nicht zulässig, selbst nur ein Warmhalten des Wassers durch Unterfeuerung der Bassins anzunehmen.

Eine etwas nähere Besichtigung der vermeintlichen Präfurnien in den Bädern von St. Barbara ergibt, in Übereinstimmung hiermit, daſs dieselben niemals als Feuerräume gedient haben können.

Einige dieser Stellen sind vollständig erhalten, wie z. B. das von 13 *g* (Fig. 37) aus zugängliche vermeintliche Präfurnium für den Raum *H*. Die Ummauerung desselben ist in Ziegeln in Kalk verlegt ausgeführt mit Fugenstärken, welche die Dicke der Ziegeln erreichen.

Obgleich eine derartige Ausmauerung eines Fenerraumes bei dem Gebrauch in kürzester Zeit zerstört worden wäre, sind doch keine Spuren des Angriffes von Feuer an diesen Stellen zu erkennen. Die Römer haben aber alle wirklichen Feuerräume sowohl in den Bädern von Pompeji als auch in der Saalburg und ebenso in Trier mit feuerfesten Basaltsteinen ausgelegt.

Es fehlen aber auch hier gänzlich die Reste von Schornsteinen, welche, wenn Hypokaustenheizung angenommen wird, bei den groſsen Abmessungen der Räume ganz bedeutende Dimensionen hätten erhalten müssen. In den vermeintlichen Hypokausten unter den Böden hätten sich auch dann, wenn dieselben mit Holzkohlen gefeuert worden wären, Asche vorfinden müssen, was nicht der Fall ist.

Dafs das auf der Strecke des Ganges 13 *g* bis 13 *n* (Fig. 37) vertieft in dem Fufsboden, längs der Aufsenmauer, befindliche offene Kanälchen bei der Ausgrabung durchweg mit grofsen Massen von Holzasche, der allerlei Fundstücke beigemischt waren, angefüllt gefunden wurde, erklärt sich zwanglos daraus, dafs die von den die Räume beheizenden Kohlenbecken abfallende Holzasche bei dem Ablassen des Badewassers in dasselbe geworfen und mit demselben weggeschwemmt worden ist. Die Holzasche setzte sich aber dann in den verhältnismäfsig mit geringem Gefälle verlegten offenen Kanälchen zu Boden. — Auf diese Weise konnten auch die verschiedenen in das Wasserbassin gefallenen Fundstücke unbemerkt mit der Asche in dem Kanälchen sich absetzen.

Noch ist zu bemerken, dafs es keinerlei besondere Schwierigkeiten machte das heifse Wasser von den Heifswasserkesseln, in Metallrohren selbst zu den äufsersten Badebassins bei 2, 3, 5 im Frigidarium zu führen. Die Entfernung beträgt 80 bis 90 m was nicht aufsergewöhnlich weit für Heifswasserleitungen ist. Es konnte auf diese Weise das Wasser im Winter in den Kaltwasserbassins durch Zuführung heifsen Wassers temperiert werden.

Ich bin der Meinung, dafs in den Bädern bei St. Barbara nur unter den Wasserkesseln von einem Feuerraum umschlossene Feuerungen vorhanden waren, alle Räume ohne Ausnahme jedoch durch offene Kohlenpfannen beheizt wurden. — Nur unter den Wasserkesseln sind feuerfeste Basaltsteine gefunden worden. Holzkohlen, in Meilern gebrannt, gab es in hinreichender Menge.[1]

Die Unterkellerungen mit ihren nach den vermeintlichen Präfurnien im Gefälle verlegten Böden, waren besonders unter dem grofsen Warmwasserbassin erforderlich, um Undichtigkeiten des Bassins leicht zu erkennen, und um das durch diese Undichtigkeiten durchsickernde Wasser unschädlich abzuleiten.

---

[1] Jacobi, Das Römerkastell Saalburg, S. 248.

Der römische Kaiserpalast in Trier.
(Seyffarth, Der römische Kaiserpalast Trier, 1893.)

Einen wie grofsen Einflufs die richtige Deutung des Zweckes
der Unterkellerungen auf die Erkenntnis des eigentlichen ursprünglichen Charakters der in den Ruinen nachgebliebenen römischen
Gebäude hat, zeigt sich besonders deutlich an diesem Baurest.

Der landläufigen allgemein angenommenen Auffassung entsprechend, dafs Unterkellerungen Hypokausten seien und solche in
erster Linie in Bädern erforderlich schienen, wurde der Kaiserpalast
Jahrhunderte lang zu einem Bad gestempelt. Nur nachdem die
Baureste bei St. Barbara in Trier unzweifelhaft als grofsartige
Thermen nachgewiesen waren, konnte diese Meinung nicht mehr
aufrecht erhalten werden und ist derselbe jetzt ohne Widerspruch
als Kaiserpalast anerkannt.

Dennoch ist bis jetzt die Auffassung geblieben, dafs die Unterkellerungen unter allen Räumen Hypokausten seien, und auch
Seyffahrth, welcher besonders hervorhebt[2]), dafs die Römer bei
Erbauung des Palastes grofse Sorgfalt darauf verwandt haben, das
Gebäude gegen Feuchtigkeit zu schützen, hält an dieser Auffassung
fest. Da er aber fühlt, dafs die Steinböden durch die direkt unter
denselben befindlichen Feuerstellen zerstört werden würden, nimmt
er an[3]), dafs

>die Hypokausten nur mit Holzkohlen erwärmt und ähnlich,
wie im Backofen beim Brotbacken, die glühenden Kohlen, um die
Hitze nicht auf einen Fleck zu konzentrieren, möglichst verteilt
wurden.«

Wie eine solche Verteilung bei dem geringen gegenseitigen
Abstand der Unterstützungssäulchen im vermeintlichen Hypokaustum
möglich wäre, wobei obendrein die Heizer an den meisten Stellen
die Heizöffnung nur auf 3 m hohen Leitern stehend hätten erreichen
können, gibt Seyffarth nicht an. Es zeigt dies jedoch bis zu
welchen unwahrscheinlichen Annahmen man kommen mufs, um die

---

[1]) Seyffarth, F. d. röm. Kaiserpalast in Trier, S. 3, Anmerkung.
[2]) Seyffarth, Der römische Kaiserpalast, S. 10.
[3]) Seyffarth, Der römische Kaiserpalast, S. 11.

Fiktion, daß die Unterkellerungen notwendigerweise Hypokausten seien, aufrecht zu erhalten.

Auch hier ist es nach den vorstehenden Untersuchungen klar, daß die weiten Säle nur durch große Holzkohlenpfannen wahrscheinlich in reichster Ornamentierung in Bronzeguß ausgeführt, beheizt worden sind.

Seyffarth gibt weiter an, daß in der letzten Zeit der römischen Herrschaft, um die zur Anlage der Hypokausten verwandten Ziegelplättchen zu gewinnen, die Fußböden mit den Hypokausten zerstört, der hohle Raum mit Schutt ausgefüllt, darüber eine Steinschüttung angebracht und der neue Fußboden durch einen Estrich aus Kalkmörtel hergestellt worden sei. Es würden durch eine solche Maßnahme, wenn die Unterkellerungen wirklich Hypokausten gewesen wären, die Räume im Winter, weil nicht mehr heizbar, unbewohnbar geworden sein. Es ist dies ein weiterer Beleg dafür, daß die Räume durch Holzkohlenpfannen erheizt worden sind. Das Verschwinden der Unterkellerung störte dann die gewohnte Beheizungsweise nicht.

Badenweiler. (Fig. 38.)
(Dr. Heinrich Leibnitz, Die römischen Bäder bei Badenweiler, 1856.)

Schon die Titelvignette des Buches, das bekannte vermeintlich aus den Bädern des Titus in Rom stammende Bild, eine Badeeinrichtung darstellend, Caninas Architettura antica entnommen (auf Fig. 1 hier reproduziert), zeigt, obgleich Leibnitz die Zweifel an der Echtheit desselben bekannt waren (S. 20 Anm. 3), daß derselbe wie seine Vorgänger bei der Beschreibung und Erklärung der Badenweiler Bäder unter dem Einfluß dieses Bildes steht, und infolgedessen jeden Raum, welcher nicht nachweisbar unterkellert ist, auch für nicht heizbar hält.

Auch hier ist es, da ein Zweifel darüber, daß die Bäder auch im Winter benutzt worden sind, wohl kaum bestehen kann, ebenso wie bei den Bädern von St. Barbara in Trier klar, daß die kalten Bade- und Ankleideräume im Winter ohne Beheizung nicht benutzbar gewesen wären.

---

[1]) Seyffarth, Der römische Kaiserpalast in Trier, S. 10.

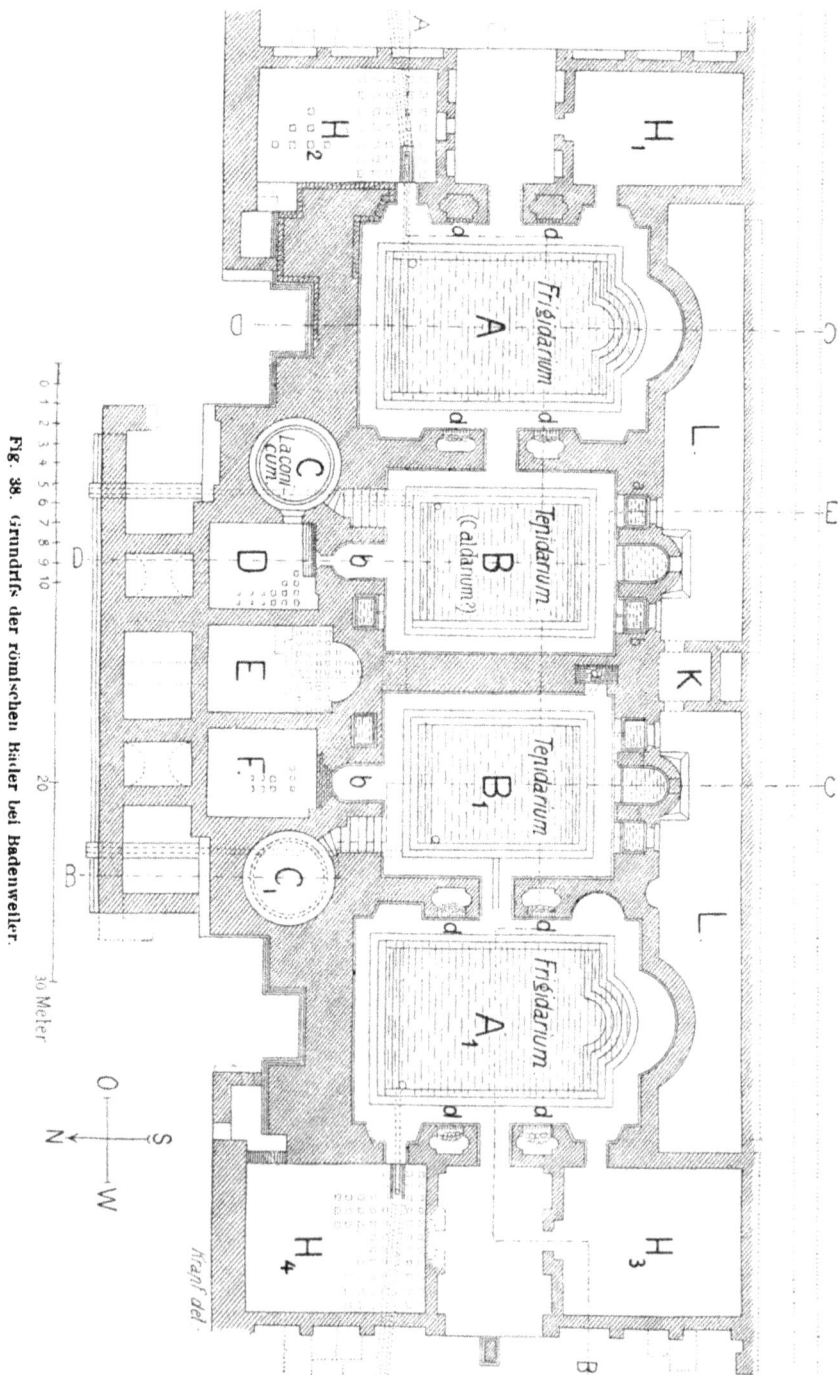

Fig. 38. Grundriss der römischen Bäder bei Badenweiler.

Nach meiner Auffassung (unbeengt durch Titusbild und Vitruvs Beschreibungen) waren die Heizeinrichtungen der Badenweiler Bäder folgendermafsen beschaffen:

Das mit 19—20⁰ R. von der Südseite, der Berglehne, dem Gebäude reichlich zufliefsende Quellwasser wurde, je nach Bedarf mit kaltem Quellwasser gemischt, den zwei grofsen Badebassins in den von Leibnitz als Frigidarium bezeichneten überwölbten Räumen A und A_1 (Fig. 38) zugeführt. Ein Teil des warmen Quellwassers wurde zwecks weiterer Erwärmung durch einen direkt beheizten Metallkessel in K oder vielleicht auch durch ein Miliarium[1]), welches weniger Raum einnahm, geführt und den Heifswasserbassins in den beiden von Leibnitz Tepidarium B und B_1 (Fig. 38) benannten, wahrscheinlich richtiger als Caldarium zu bezeichnenden in der Mitte des Gebäudes gelegenen Räumen zugeleitet. Der Heizkessel oder das Miliarium für die Erwärmung des Badewassers konnte hier kleinere Dimensionen erhalten als in Trier und Pompeji, da ihm das Wasser bereits 20⁰ R. warm zuflofs. Der Kessel war mit grofser Wahrscheinlichkeit in dem Anbau K in der Mittelachse des Gebäudes an der Südseite untergebracht. Die auf beiden Seiten anliegenden Höfe L und L_1 dienten zur Unterbringung des Brenn-materials, Holz und Holzkohlen. Die von der Südostecke des west-lichen Tepidariums B, zugängliche Grube a in der Mittelmauer des Gebäudes diente wahrscheinlich zur Aufnahme sämtlicher Wasser-verteilungs-, Regulier- und Mischhähne, wie solche bei den Römern im allgemeinen Gebrauch waren.

Die beiden zur Seite liegenden Rotunden C und C_1 waren wahrscheinlich mit Kuppeln überwölbt. Ich halte dieselben nicht, wie Leibnitz annimmt, für Wasserbassins, sondern für trockene Schwitzbäder (Laconicum), welche durch im Centrum aufgestellte Holzkohlenpfannen erwärmt wurden. Das am Boden der westlichen Rotunde noch vorhandene, senkrecht durch den Boden gehende thönerne Abzugsrohr kann nicht, wie Leibnitz (S. 16) behauptet, als Beweis dienen, dafs dieser Raum ein Wasserbassin gewesen sei. Es gibt in Pompeji und vielen anderen Stellen ähnliche Abzugs-

---

[1]) Hood, warming buildings. Palladius, lib. 1, Act. 40.

röhren[1]) von trocken liegenden Fufsböden aus. Die Gewohnheit,
die steinernen Fufsböden behufs der Reinigung mit Wasser zu über-
schwemmen, erklärt das Vorhandensein solcher Abzüge vollkommen.

Ebenso wie in Trier war aber auch hier zur Winterszeit die Beheizung der an die westliche und östliche Mittelhalle sich nördlich
und südlich anschliefsenden vier Ankleidezimmer $H_I\,H_{II}\,H_{III}\,H_{IV}$
eine Notwendigkeit und wurde durch Kohlenpfannen bethätigt. In
derselben Weise wurden auch die drei an der Nordfront belegenen
unterkellerten Baderäume $D\,E\,F$ beheizt.

Es sind keinerlei Anhaltspunkte gegeben, dafs in einem dieser
Räume die Beheizung durch Hypokaustenbodenwandheizung erfolgt
sein könnte, wie sie Vitruv beschreibt.

Auch die Beheizung der beiden Frigidarien A und A_1 im
Winter und der beiden Tepidarien resp. Caldarien B und B_1 Sommer
und Winter war erforderlich, da im Winter in unbeheizten Räumen
über dem Spiegel des warmen Wassers sich nebelartiger und undurch-
sichtiger Wasserdunst gebildet haben würde, welcher sich an den
kalten Wänden niederschlagend, dieselben immer feucht erhalten
hätte, ja bei gröfserer Kälte an der Decke Eiszapfenbildung hervor-
rufen konnte. Die im Winter absolut erforderliche Beheizung wurde
in den Frigidarien A und A_1 durch die in den vier Nischen d der
Längswände aufgestellten Kohlenpfannen und in den Tepidarien
durch je eine grofse in der an der Nordwand hierfür vorgesehenen
Nische b aufgestellte Kohlenpfanne ermöglicht. Die Vertiefungen
hinter der nördlichen Seite dieser Nischen dienten wahrscheinlich
zur Ansammlung der von den Kohlenpfannen abfallenden Asche.

Durch vorliegende Erklärungsweise sind die mit Recht von
Leibnitz angeführten verschiedenen Bedenken, welche, wenn die
Beheizung durch Hypokausten gedacht wird, aufstofsen müssen,
behoben und unterlasse ich deshalb eine ins Detail gehende Wider-
legung der auf dieser falschen Grundlage von Leibnitz versuchten
Erklärungsweise.

---

[1]) Auch Graf v. Walderdorff, Die Römerbauten a. d. Königsberge bei
Regensburg, macht auf solche aufmerksam, S. 51.

Eining. (Fig. 39.)

(I. Wolfgang S c h r e i n e r, Wegweiser durch Eining und die dortigen Römerausgrabungen, 1886.)

(II. Wolfgang S c h r e i n e r, Wegweiser durch Eining und die dortigen Römerausgrabungen, 1895.)

Die äußerst interessante und erst im Jahre 1879 durch das
Verdienst des Herrn Stadtpfarrers S c h r e i n e r begonnene Ausgrabung
zeigt in den Gebäuden, Fig. 39 Nr. I und II, eine in den Fundamenten,
Unterkellerungen, Fußböden, und teilweise in noch darüber auf-
steigendem Mauerwerk, ziemlich gute Erhaltung.

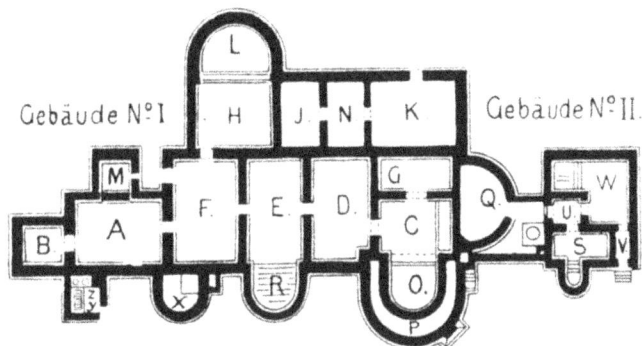

Fig. 39.
Grundriß der Gebäude Nr. I und II der Römerausgrabungen bei Eining.

Die aufgefundenen Münzen und Ziegelstempel haben S c h r e i n e r
die Möglichkeit gegeben, die Zeit der Erbauung und Zerstörung
ziemlich sicher zu bestimmen und einen mehrmaligen Aufbau der
Gebäude nach eingetretener Zerstörung nachzuweisen, was durch
die selbst bei nur oberflächlicher Besichtigung auffallende ver-
schiedenartige Sorgfalt bei Ausführung des Mauerwerkes bestätigt
wird. Der ursprüngliche Bau wurde in äußerst solider und sauberer
Weise meist in Ziegelmauerwerk ausgeführt, die späteren Bauten
teils in Bruchsteinmauerwerk oder auch Bruchstein und Ziegel gemischt bei verhältnismäßig wenig sorgfältiger Ausführung.

S c h r e i n e r geht bei der Bestimmung des Zweckes der ausgegrabenen Gebäude von der Meinung aus, daß alle Unterkellerungen Hypokausten seien und auch die Wandverkleidung der
Zimmer von heißer Luft durchströmt zur Beheizung der Räume

K r e l l sen., Altrömische Heizungen.   8

gedient habe, er nennt diese vermeintliche Beheizungsart — die
herrlichste und einzig gesunde Luftheizung (I. S. 35). In weiterem
Verfolg dieser Grundanschauung wird bei ihm jedes Kellerloch zu
einem Präfurnium und behauptet er wiederholt, dafs einige Räume
noch heute heizbar seien.

Gerade aber die Eininger Ausgrabungen wären am besten
geeignet gewesen, das fehlerhafte dieser allgemein verbreiteten Ansicht zu erkennen, denn es sollte keiner besonderen Erörterung
bedürfen, dafs Kellerlöcher mit Kalk und Ziegel aufgemauert niemals Feuerstellen sein können und dafs aus Kalkbruchsteinen gemauerte Kellerpfeiler niemals in Hypokausten Verwendung finden
konnten. Mit Kalkstein[1]) aufgemauert sind aber nicht nur die vermeintlichen Hypokausten an dem sog. Veteranenhaus Nr. III, sondern
auch die Pfeiler der Unterkellerungen unter den Räumen A und F
des Gebäudes II.

Aufserdem nimmt S c h r e i n e r an, dafs die Wasserbassins
durch direkte Unterfeuerung beheizt worden seien, was ebenfalls,
wie wir gesehen haben, eine ganz unzulässige Annahme ist. — Zudem
hat das Wasserbassin in R Gebäude I überhaupt keine Unterkellerung. Der Röhrenbelag der Wand desselben geht nicht tiefer
als bis zum Bassinboden und reicht nur wenig über den Wasser-
stand des Bassins hinauf. Dabei haben die senkrecht stehenden
Wandröhren weder untereinander noch nach unten oder oben eine
Verbindung mit irgend einem Hohlraum. Dennoch ist S c h r e i n e r
der Meinung (S. I, 34), dafs diese Wanne R und der Raum E heute
noch heizbar sei. — Ein Versuch, dies auszuführen, würde diese
Überzeugung schnell zerstören.

S c h r e i n e r erklärt (II. S. 151), dafs der Raum (Piscine) O erst
nachträglich in den Raum P, welcher bei dem ersten Bau ein
Piscine (Wanne mit warmem Wasser) gewesen sei, eingebaut worden
sei. — Eine eingehende Besichtigung der Stellen wo die Umfangs-
mauern des Raumes P mit der Mauer von O zusammenstofsen,
welche dort nicht verputzt und in Kalkbruchsteinmauerwerk auf-

---

[1]) S c h r e i n e r (II. S. 153) bezeichnet diese Kalksteine als Thonschiefer-
steine der Eininger Gegend, was nicht zutreffend ist.

geführt sind, ergab, dafs die Aufführung dieser Mauern gleichzeitig erfolgt sein mufs. Der gut erhaltene Raum *O* in seiner jetzigen Gestalt kann schon deshalb keine mit Wasser gefüllte Wanne gewesen sein, weil die Schwelle der Zugangsthüren sowohl von *C* als von *P* aus mit dem guterhaltenen Fufsboden in *O* in gleicher Höhe liegen. Augenscheinlich war der Raum *O* ein durch Kohlenpfannen erhitztes trockenes Schwitzbad (Laconicum).

Auch in den als Caldarium bezeichneten Raum *A* (II. S. 150) verlegt Schreiner ein Warmwasserbassin (alveus), welches (II. S. 151) durch die unter dem Estrich hinziehenden Heizgase erwärmt werden soll. Der Estrich in dem Raum *A* ist noch gut erhalten und ist es nach dem örtlichen Befunde ausgeschlossen, dafs dort ein Wasserbassin vorhanden gewesen sein kann.

Auch bei den Räumen *M* und *L* war es mir nicht möglich, nach deren jetzigem Zustand Anzeichen zu finden, welche berechtigen, dieselben als Wasserbassins zu bezeichnen.

Ein in den Raum *H* eingebautes Wasserbassin ist augenscheinlich erst nachträglich, als Gebäude I seinem ursprünglichen Zweck bereits nicht mehr diente, eingebaut worden, kann deshalb bei Beurteilung des ursprünglichen Zweckes des Gebäudes nicht in Frage kommen. Es ergibt sich somit, dafs in dem Gebäude Nr. 1 sich nur ein wirklich nachweisbares verhältnismässig kleines Wasserbassin (*R*) vorfindet.

Ob es unter solchen Verhältnissen gerechtfertigt erscheint, wie es Schreiner thut, dieses Gebäude als — Massenkommunalbad zu bezeichnen (I. S 533), möchte ich bezweifeln. Dieses Gebäude hat viel eher Ähnlichkeit, sowohl in seiner Lage aufserhalb des Kastells als auch in der Anordnung der Räume, mit dem von Cohausen als »Villa« bezeichneten Gebäude der Saalburg (Fig. 36). — Die Beheizung der Räume geschah auch hier in einfacher und gewohnter Weise durch Holzkohlenpfannen. — Das für das kleine Badebassin *R* eventuell erforderliche warme Wasser konnte in einem kleinen Kessel, welcher vielleicht im Anbau *x* aufgestellt war, erwärmt und durch ein in der Unterkellerung verlegtes Rohr zugeleitet werden.

Das Gebäude Nr. II war ohne Zweifel ein kleines Privatbad.
— In der nur $1\frac{1}{2}$ m breiten Wanne T hat nur ein Mensch Platz.
Auch hier wurden selbstverständlich die Wannen nicht durch
Feuerungen unter dem Boden derselben beheizt, wie Schreiner
annimmt, sondern das Wasser durch Wasserkessel erwärmt, welche
an der auf dem Plan mit IV bezeichneten Stelle aufgestellt waren
und durch die in den vermeintlichen Heizkanälen verlegten metallenen Wasserrohre den Badewannen zugeleitet. — Die Beheizung
der Baderäume selbst geschah auch hier durch Holzkohlenpfannen.

Ähnliches gilt auch bezüglich der vermeintlichen Hypokausten
und Präfurnien in den übrigen ausgegrabenen Gebäuden.

In der ersten Ausgabe des Wegweisers durch die Römerausgrabungen in Eining (1886) wurde dem Büchelchen ein den wirklichen Thatbestand getreu wiedergebender Grundplan beigegeben.
— Bei der zweiten Ausgabe (1895) fehlt dieser Plan und an dessen
Stelle ist ein rekonstruierter Plan (III) und eine von H. v. Röfsler
gefertigte Rekonstruktion des ganzen Gebäudes in Längsschnitt und
äufserer Ansicht gegeben.

Bei dieser Rekonstruktion ist in der willkürlichsten Weise
verfahren worden. — Um der Auffassung, dafs das Gebäude I. ein
Massenkommunalbad vorstelle, zu genügen, wurden Wasserbassins
eingezeichnet, wo solche, wie schon gezeigt, laut Befund nicht vorhanden gewesen sein können. Die in den Bauresten noch genau
kenntlichen, in dem ersten Plan auch richtig verzeichneten Eingänge und Verbindungsthüren der einzelnen Räume wurden in dem
neuen Plan nach Belieben versetzt, auch eine ganze Anzahl Schornsteine und Wandverkleidungen durch Röhren eingezeichnet, wo
solche nicht vorhanden sind und nicht vorhanden waren.

Ich bin der Meinung, dafs Rekonstruktionen nur dann Be-
rechtigung haben ernst genommen zu werden, wenn sich dieselben
begnügen, das nicht mehr Vorhandene zu ergänzen.

Wenn aber, wie im vorliegenden Falle, die Rekonstruktion
die noch vorhandenen Baureste nach einer vorgefafsten Meinung

---

[1] Jacobi, Römerkastell Saalburg, S. 117, Tafel XV.
[2] G. v. Röfsler, Das Römerbad von Eining a. d. Donau, Westdeutsche
Zeitschr. Bd. XIII (1894), 13—132, ein Rekonstruktionsversuch.

ummodelt, ist dies zu bedauern, da hierdurch der richtigen Erkenntnis Hindernisse bereitet werden und der Besucher durch
solchen Führer nicht aufgeklärt sondern in die Irre geleitet wird.

Die von Jacobi gegebene Darstellung des Römerkastells der
Saalburg mag als Muster einer vorurteilsfreien Wiedergabe der
dortigen Baureste gelten, möchte es den so interessanten und für
die Erkenntnis des alten Römertums so wichtigen Ausgrabungen
bei Eining bald beschieden sein, in gleicher Weise gründlich ver-
messen und beschrieben zu werden.

Verlag von **R. Oldenbourg** in **München** und **Berlin**.

„SCHNELLBETRIEB"

Erhöhung der Geschwindigkeit und Wirtschaft-
lichkeit der Maschinenbetriebe.

Von

A. Riedler, Ingenieur,

derz. Rektor der technischen Hochschule zu Berlin.

Mit 1042 Abbildungen. Preis komplet geb. **M. 18.—.**

Ferner in 5 Heften:

I. Heft:

Maschinentechnische Neuerungen

im Dienste der Städt. Schwemm-Kanalisationen

und Fabrik-Entwässerungen.

Von

A. Riedler, Ingenieur,

derz. Rektor der technischen Hochschule zu Berlin.

Mit 79 Abbildungen. Preis **M. 2.—.**

II. Heft:

Neuere Wasserwerks-Pumpmaschinen

für

Städtische Wasserversorgungs-Anlagen

und

Pumpmaschinen

für

Fabriks- und landwirtschaftliche Betriebe.

Von

A. Riedler, Ingenieur,

derz. Rektor der technischen Hochschule zu Berlin.

Mit 319 Abbildungen. Preis **M. 4.—.**

Zu beziehen durch jede Buchhandlung.

Verlag von **R. Oldenbourg** in **München** und **Berlin**.

III. Heft:

Neuere unterirdische Wasserhaltungs-Maschinen für Bergwerke

und

Press-Pumpmaschinen

zur Erzeugung von

Kraftwasser für hydraulische Kraftübertragung.

Von

A. Riedler, Ingenieur,

derz. Rektor der technischen Hochschule zu Berlin.

Mit 194 Abbildungen. Preis M. 4.—.

IV. Heft:

Expresspumpen mit unmittelbarem elektr. Antrieb.

Vergleiche zwischen Expresspumpen und gewöhnlichen Pumpen und Expresspumpen mit unmittelbarem Antrieb durch Dampfmaschinen.

Von

A. Riedler, Ingenieur,

derz. Rektor der technischen Hochschule zu Berlin.

Mit 176 Abbildungen. Preis M. 4.—.

V. Heft:

Kompressoren.
Neuere Maschinen zur Verdichtung von Luft und Gas.

Express-Kompressoren mit rückläufigen Druckventilen und Gebläsemaschinen für Hochöfen und Stahlwerke.

Von

A. Riedler, Ingenieur,

derz. Rektor der technischen Hochschule zu Berlin.

Mit 274 Abbildungen. Preis **M. 4.**—.

Zu beziehen durch jede Buchhandlung.

Verlag von **R. Oldenbourg** in **München** und **Berlin.**

Berechnung und Konstruktion

der

Schiffsmaschine

zum Gebrauch für

Konstrukteure, Betriebsingenieure, Seemaschinisten und Studierende

von

Dr. G. Bauer,

Schiffsmaschinenbauingenieur.

Mit mehreren Tafeln und zahlreichen Textfiguren.
ca 30 Druckbogen kl. 8°.   Preis geb. ca. **M. 12.—.**

(In Vorbereitung.)

Taschenbuch

für

Monteure elektr. Beleuchtungsanlagen.

Von

S. Freiherr von Gaisberg,

Ingenieur.

Mit zahlreichen in den Text gedruckt. Abbildungen
Zweiundzwanzigste umgearbeitete u. erweit. Auflage.
In Leinwd. geb. Preis **M. 2.50.**

Grundriss

der

Technischen Elektrochemie

auf theoretischer Grundlage

von

Dr. Fritz Haber,

Privatdozent für technische Chemie an der technischen
Hochschule Karlsruhe i. B.

XII und 573 Seiten 8°.   Preis geb. **M. 10.—.**

Vergriffen! Neue Auflage erscheint Ende 1901.

Zu beziehen durch jede Buchhandlung.

Neuere Kühlmaschinen,
ihre Konstruktion,
Wirkungsweise und industrielle Verwendung.

Ein Leitfaden für Ingenieure,
Techniker und Kühlanlagen-Besitzer,

bearbeitet von

Dr. Hans Lorenz,

Professor a. d. Universität Göttingen, dipl. Ingenieur.

Dritte durchgesehene und vermehrte Auflage.

Der Technischen Handbibliothek Band I.

VIII u. 374 S. 8° mit 208 Abbildungen.
In Leinwand geb. **M. 10.—.**

Zinn, Gips und Stahl

vom physikalisch-chemischen Standpunkt.

Ein Vortrag,

gehalten im **Berliner Bezirksverein deutscher Ingenieure**

von

Prof. Dr. J. H. van't Hoff,

Mitglied der Akademie der Wissenschaften in Berlin.

Mit mehreren Textfiguren und zwei Tafeln.
Preis **M. 2.—.**

Ein Beitrag
zur
Geschichte der Acetylen-Industrie

nebst Anhang

der Königlich Allerhöchsten Verordnung, die Herstellung, Aufbewahrung und Verwendung von
Acetylengas u. die Lagerung von Karbid betreffend,
vom 26. Juni 1901.

Von

C. Kuhn, Ingenieur.

Preis **M. —.80.**

Zu beziehen durch jede Buchhandlung.

Verlag von **R. Oldenbourg** in **München** und **Berlin.**

Kalender für Elektrotechniker
1902.
Herausgegeben von

F. Uppenborn, Stadtbaurat in München.

Neunzehnter Jahrgang.

2 Teile, wovon der erste Teil in Brieftaschenform
(Leder) gebunden. Preis **M. 5.—**.

Kalender für Gesundheits-Techniker.
Taschenbuch für die Anlage von

Lüftungs-, Centralheizungs- und Bade-Einrichtungen
1902.
Herausgegeben von

Hermann Recknagel,

Ingenieur.

In Brieftaschenform (Leder) geb. Preis **M. 4.—**.

Kalender für Gas- und Wasserfach-Techniker
1902.
Zum Gebrauche für

Dirigenten und techn. Beamte der Gas- und Wasserwerke
bearbeitet von

G. F. Schaar,

Ingenieur.

Fünfundzwanzigster Jahrgang.

In Brieftaschenform (2 Teile).

Preis **M. 5.50.**

Die

Petroleum- und Benzin-Motoren,
ihre Entwicklung, Konstruktion und Verwendung.

Ein Handbuch
für Ingenieure, Studierende des Maschinenbaues,
Landwirte und Gewerbetreibende aller Art.

Bearbeitet von

G. Lieckfeld,

Civil-Ingenieur in Hannover.

Zweite umgearbeitete u. vermehrte Auflage.

Mit 188 in den Text gedruckten Abbildungen. gr. 8°.

Preis **M. 9.—**. In Leinwand geb. **M. 10.—**.

Zu beziehen durch jede Buchhandlung.

Verlag von **R. Oldenbourg** in **München** und **Berlin**.

Kosten der Betriebskräfte

bei 1—24 stündiger Arbeitszeit täglich

und

unter Berücksichtigung des Aufwandes für die Heizung.

Für Betriebsleiter, Fabrikanten etc., sowie zum Handgebrauch von Ingenieuren und Architekten.

Von

Otto Marr,

Ingenieur.

Preis **M. 2.50.**

Mitteilungen über die Luft

in Versammlungssälen, Schulen u. in Räumen für öffentliche Erholung und Belehrung,

sowie

einiges über Förderung der Ventilationsfrage in technischer Beziehung und durch gesetzgeberische Mafsnahmen.

Von

Th. Oehmcke,

Regierungs- und Baurat a. D.

Preis **M. 2.50.**

Taschenbuch

für

Heizungs-Monteure

von

Bruno Schramm,

Fabrikdirektor.

Zweite Auflage.

Mit 99 Textfiguren. 113 Seiten. kl. 8° In Leinwand geb. Preis **M. 2.50.**

Zu beziehen durch jede Buchhandlung.

Verlag von **R. Oldenbourg** in **München** und **Berlin.**

MITTHEILUNGEN

AUS DEM

MASCHINEN-LABORATORIUM

DER

KGL. TECHNISCHEN HOCHSCHULE

ZU

BERLIN.

HERAUSGEGEBEN ZUR
HUNDERTJAHRFEIER DER HOCHSCHULE
VON

PROFESSOR E. JOSSE
VORSTEHER DES MASCHINEN-LABORATORIUMS.

**I. HEFT: Die Maschinen, die Versuchseinrichtungen
und Hülfsmittel des Maschinen-Laboratoriums.** Mit 73 Textfiguren und 2 Tafeln.
IV und 78 Seiten Gr. 4⁰. Preis M. **4.50.**

II. HEFT: Versuche. Mit 39 Textfiguren. IV und
49 Seiten Gr. 4⁰. Preis M. **3.—.**

**III. HEFT: Neuere Erfahrungen und Versuche mit
Abwärme-Kraftmaschinen.** Mit 20 Textfiguren. 42 Seiten. gr. 4⁰. Preis **M. 2.50.**

MOTOR-POSTEN.

Von

Dr. G. SCHAETZEL,

k. Postoffizial.

Technik und Leistungsfähigkeit der heutigen Selbstfahrersysteme und deren Ver-
wendbarkeit für den öffentlichen Verkehr.

84 Seiten mit Abbildungen. gr. 8⁰. Preis M. 2.—.

Zu beziehen durch jede Buchhandlung.

X

www.ingramcontent.com/pod-product-compliance
Lightning Source LLC
Chambersburg PA
CBHW031447180326
41458CB00002B/670